CLIE
ATLAS
ESENCIAL
de la
BIBLIA

CARL G. RASMUSSEN

Editorial **CLIE**
www.clie.es

EDITORIAL CLIE
C/ Ferrocarril, 8
08232 VILADECAVALLS
(Barcelona) ESPAŃA
E-mail: clie@clie.es
http://www.clie.es

Publicado originalmente en inglés bajo el título
Zondervan Essential Atlas of the Bible
Copyright © 2013 by Carl G. Rasmussen

ATLAS ESENCIAL DE LA BIBLIA CLIE
ISBN: 978-84-18204-93-7
Depósito Legal: B 18023-2021
Obras de referencia
Atlas
Referencia: 225168

Impreso en Corea / *Printed in Korea*

Índice
general

Prefacio
Y AGRADECIMIENTOS

Este libro es una adaptación de una obra más completa, el Atlas Zondervan de la Biblia. Comienza con una concisa sección geográfica, que acerca al lector a los territorios de la Biblia, incluyendo Israel/ Jordania, Egipto, Siria y Líbano y Mesopotamia. Cada sección está ilustrada con útiles mapas, gráficas e imágenes: topografía, regiones, climatología, caminos, etc.

Tras la sección geográfica figura otra histórica, que proporciona mapas, comentarios, diagramas e imágenes relacionadas con el panorama completo de la historia bíblica, del Antiguo y del Nuevo Testamento, incluyendo el periodo intertestamentario. Hemos dedicado capítulos propios a Jerusalén y a las siete iglesias del Apocalipsis. Los lectores que estén interesados en análisis más completos de lugares, regiones y eventos concretos, pueden consultar el Zondervan Atlas of the Bible, The Zondervan Encyclopedia of the Bible y la página web del autor, www.HolyLandPhotos.org.

Este atlas va destinado a los lectores de la Biblia que quieran tener a mano una información concisa mientras leen el texto bíblico. Es ideal para su uso en grupos de estudio bíblico, clases para adultos sobre la Biblia y viajeros que vayan a Oriente Medio, y será un manual auxiliar útil para impartir clases en institutos de secundaria, universidades y seminarios.

Quiero expresar mi gratitud al lector profesional David Frees, quien contribuyó a iniciar este proyecto, y al lector profesional Madison Trammel, que se ha encargado de supervisarlo hasta su conclusión. Como en el caso del Zondervan Atlas of the Bible, la valiosa experiencia de Kim Tanner se evidencia en la creación y la presentación de mapas, gráficos y fotografías. Mark Connally ha aceptado generosamente ceder el uso de algunas de sus hermosas imágenes para este libro. Mark Sheeres y su equipo han realizado una maquetación que convierte en un placer la consulta y el uso de este volumen. Participé en gran medida en la revisión del texto de la obra más amplia para la redacción de este libro, pero quiero dar las gracias especialmente a Verlyn Verbrugge, cuya sabiduría y habilidad hicieron que este proyecto llegase a buen puerto. Además, quiero manifestar mi gratitud a Stanley Gundry y a Paul Engle por el respaldo y el ánimo que me han ofrecido con el paso de los años.

Por último quiero dar las gracias a mi esposa, Mary, cuyo amor, compañerismo y apoyo en todo momento han sido una bendición para mí y para todos aquellos con quienes entra en contacto.

Carl G. Rasmussen

Abreviaturas

a. C.	antes de Cristo
ANET	J. B. Pritchard, ed., Ancient Near Eastern Texts Relating to the Old Testament. Tercera edición. Princeton: Princeton University Press, 1969.
AT	Antiguo Testamento
C	grados Celsius, centígrados
c., ca.	circa, aproximadamente
cap., caps.	capítulo, capítulos
cm	centímetros
d. C.	después de Cristo, tras el nacimiento de Cristo
BA	Edad del Bronce antigua o Bronce Antiguo
BM	Edad del Bronce media o Bronce Medio
BT	Edad del Bronce tardía o Bronce Tardío
ed. , eds.	editor, editores
esp.	especialmente
et. al.	y otros
etc.	etcétera, y otros
H.	Horbat
heb.	hebreo
Jos. Ant.	Josefo, Antigüedades de los judíos
Jos. Apión	Josefo, Contra Apión
Jos. Guerra	Josefo, La guerra de los judíos
Jos. Vida	Josefo, Vida de Flavio Josefo
Kh.	Khirbet
km	kilómetros
mt.(s)	monte(s)
m	metros
N.	Nahr/Nahal
NASB	New American Standard Bible
NVI	Nueva Versión Internacional
NT	Nuevo Testamento
pág., págs.	página, páginas
párr.	párrafo
p. e.	por ejemplo
T.	tell (árabe)/tel (hebreo)
v., vs.	versículo, versículos
W.	wadi

SECCIÓN
GEOGRÁFICA

INTRODUCCIÓN A ORIENTE MEDIO GENERAL

El escenario en el que transcurren los principales acontecimientos de la historia del Antiguo Testamento incluye todos los países que se muestran en la página 9. Esta enorme masa de tierra está limitada al oeste por el río Nilo y el mar Mediterráneo, al norte por los montes Amanus y Ararat, y al este por los montes Zagros y el golfo Pérsico. Al sur, el desierto de An-Nafud y el extremo sur del Sinaí constituyen una frontera bastante imprecisa.

Buena parte de Oriente Medio es desértica. Hay grandes sectores de países modernos como Siria, Iraq, Jordania y Arabia Saudí que tienen extensiones desérticas como el desierto Sirio, el An-Nafud, el desierto Arábigo, el Ruba al-Khali, el Néguev, el Sinaí y Egipto. Los mares y los golfos que contribuyen a perfilar Oriente Medio han influido en la vida en esa área. El más importante de ellos es el mar Mediterráneo, que proporciona lluvias vivificadoras a la mayor parte del territorio. Buena parte de lo que ha sucedido en Oriente Medio se puede resumir como la lucha entre la influencia del desierto y del mar Mediterráneo, por un lado, y las personas que han vivido allí, por otro.

La primera sección de este libro esboza brevemente algunos de los obstáculos que presenta esta parte del mundo: geografía, clima, caminos, rutas comerciales, suministro de alimentos y otros factores semejantes. Resulta sencillo determinar dónde ha vivido la mayoría de los habitantes de Oriente Próximo si señalamos en un mapa (ver p. 9) las áreas regadas por el Nilo, el Tigris y el Éufrates, así como aquellas regiones que reciben más de 30 cm de lluvia al año. Esta área tiene aproximadamente la forma de una luna creciente, con uno de sus extremos en el río Nilo y el otro en el golfo Pérsico. Se la ha llamado pertinentemente "el creciente fértil".

▼ Calzada romana en Siria.

ORIENTE MEDIO ACTUAL

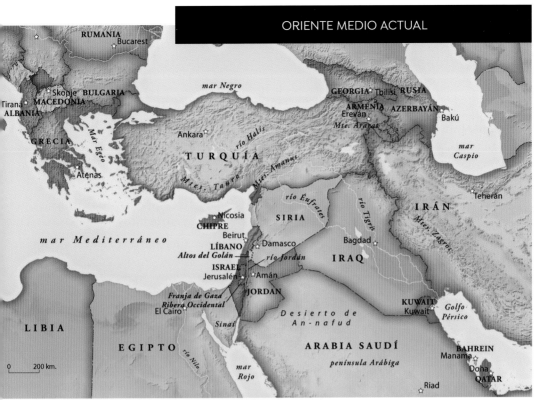

ORIENTE PRÓXIMO EN LA ANTIGÜEDAD

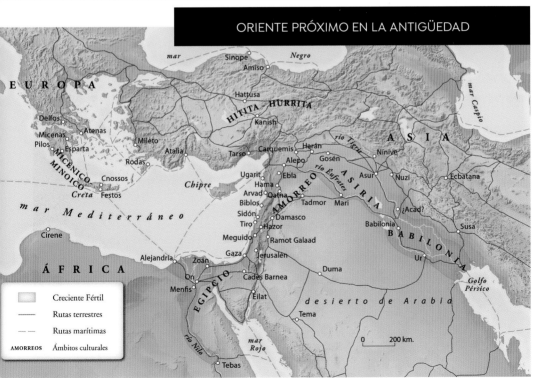

2 LA GEOGRAFÍA DE ISRAEL Y DE JORDANIA

OROGRAFÍA

En el extremo suroriental del mar Mediterráneo podemos distinguir cinco zonas longitudinales principales. A medida que nos desplazamos de oeste a este, son las siguientes: la llanura costera, la cadena montañosa central, la fosa tectónica, los montes Transjordanos y el desierto oriental.

(1) **La llanura costera** se extiende aproximadamente a lo largo de 195 km y es paralela al litoral mediterráneo, desde Rosh Hanikra hacia el sur, hasta Gaza. Recibe una media de entre 40 y 63 cm de lluvia al año, aunque las secciones al norte reciben más lluvia que las del sur. Había unas pocas fuentes naturales abundantes, pero lo más habitual era que los habitantes usaran pozos para suministrar agua a sus casas. La llanura costera está formada sobre todo por colinas bajas cubiertas de una tierra aluvial fértil. Se recogían cosechas de grano en los meses de invierno y de verano, y durante el resto del año pastaban allí los rebaños.

Aunque era fácil viajar por esta zona, los viajeros debían ser precavidos para evitar las dunas de arena, los grandes ríos como el Yarkon y las zonas más bajas, que se volvían pantanosas durante el invierno. Además, tenían que elegir la pista más indicada para cruzar el monte Carmelo. El único puerto de mar natural se encuentra en Acre.

(2) **La cadena montañosa central** se extiende desde Galilea en el norte hasta las tierras altas del Néguev en el sur. En algunos lugares alcanza una altura superior a los 1000 m, y siguiendo la dirección este-oeste se encuentra interrumpida por el valle de Jezreel en el norte y la cuenca del Néguev en el sur, por donde el tráfico este-oeste puede desplazarse con relativa facilidad.

En las colinas de caliza hallamos profundos valles en forma de V, llamados habitualmente wadis. Se encuentran secos durante los meses estivales, pero durante el invierno en ocasiones se llenan de agua. Se drenan o bien hacia la fosa tectónica o hacia el mar Mediterráneo.

▲ Valle de Jezreel desde Meguido, mirando hacia el este, al monte Tabor.

© *Atlas Esencial de la Biblia* CLIE

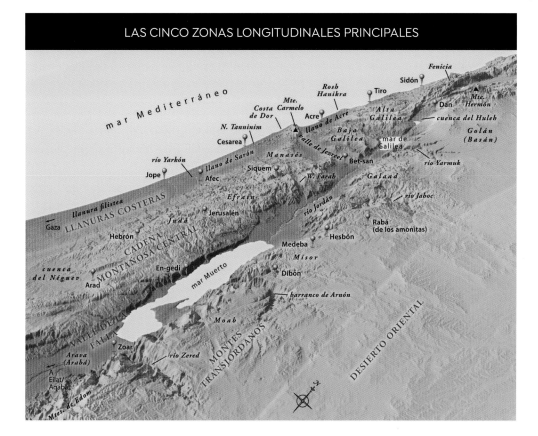

LAS CINCO ZONAS LONGITUDINALES PRINCIPALES

El desplazamiento por el fondo de esos profundos wadis resulta difícil debido a las peñas y a acantilados ocasionales, y es casi imposible viajar atravesando los wadis de norte a sur. Por lo tanto, las carreteras solían a estar situadas en las cordilleras.

Las laderas occidentales de los montes tienen una pluviosidad elevada (entre 40 y 100 cm); esto, unido a la feracidad de la tierra, garantiza la fecundidad del área. Aquí proliferan los pequeños campos de trigo, los olivares y los viñedos (Dt. 8:8; Sal. 147:14; Hab. 3:17-19), sobre todo en terrazas de las colinas, formadas en parte por los estratos naturales de la caliza.

El agua de lluvia invernal se filtra en la caliza hasta que alcanza una capa impermeable, donde comienza a fluir lateralmente hasta que brota en forma de manantial. Era frecuente que se formasen asentamientos cerca de esas fuentes de agua dulce, pero dada su localización en las laderas de las colinas eran de difícil defensa. En torno a 1400 a. C. la construcción de cisternas, enlucidas en su interior para evitar las fugas, comenzó a solventar este problema de la dependencia absoluta de las fuentes de agua naturales.

Los israelitas se asentaron primero en la cadena montañosa central. Dado que las potencias internacionales se interesaban primariamente por controlar la llanura costera, los montes ofrecían seguridad a los israelitas. Israel solo intentó hacerse con el control de la llanura costera durante los periodos en que consideró que gozaba de un gran poder, pero esto casi siempre resultó en un conflicto con una o más de las grandes potencias.

(3) La siguiente zona, **parte del sistema de la fosa tectónica** que llega hasta África, se extiende 420 km desde Dan a Eilat, situada en el extremo norte del mar Rojo. En la sección boreal de esta zona hay abundancia de precipitaciones (60 cm en Dan), mientras que en el sur la pluviosidad es insignificante (5 cm en el extremo sur del mar Muerto).

La sección más al norte de la fosa tectónica, llamada la cuenca del Jule, recibe unos 61 cm de lluvia al año. Las fuentes al pie del monte Hermón son el origen del río Jordán, y fluyen a través de un lago palustre que en la antigüedad se conocía como lago Semechonitis. Entonces el Jordán entra en el extremo norte del mar de Galilea, que está a 210 m por debajo del nivel del mar, y que mide 21 km por 12 km. El clima mediterráneo templado hace de esta región un entorno deseable para vivir.

El propio mar es fuente esencial de pescado para los habitantes, y a lo largo de la historia se han cultivado intensamente pequeñas pero fértiles llanuras situadas junto a la costa.

El río Jordán sale del mar de Galilea y desciende hasta el mar Muerto. La distancia lineal del valle del Jordán es de 105 km, pero la longitud total del río, con sus meandros, es de 217 km. Hasta la era moderna, cuando israelitas y jordanos comenzaron a trasvasar agua con propósitos comerciales, el Jordán tenía una anchura de más de 30 m y una profundidad de entre 90 cm y 3,5 m. Después de las intensas lluvias invernales a finales del invierno y en primavera, su anchura podía alcanzar casi 1,5 km en algunos puntos.

El río Jordán desagua en el mar Muerto, el punto más bajo en toda la superficie de la Tierra (422 m por debajo del nivel del mar). Este mar no tiene salidas, y se le llama "el mar Salado" debido a su elevado contenido mineral. Al sur del mar Muerto la fosa tectónica prosigue durante 177 km hasta las orillas del mar Rojo. En los mapas modernos israelíes, esta sección se llama "Arava" o "Arabah", aunque el Arabá bíblico se halla primariamente al norte del mar Muerto (p. e., Dt. 3:17; Jos. 11:2; 2 S. 2:29). Eilat señala la frontera sur del Israel moderno y, en ocasiones, también del Israel bíblico.

(4) A continuación se encuentran **los montes Transjordanos**, que se extienden desde el monte Hermón en el norte hasta el golfo de Áqaba/Eilat al sur, en la orilla oriental del Jordán. Si bien las laderas occidentales de estas montañas son a menudo empinadas, las pendientes orientales descienden gradualmente hasta el desierto oriental.

MAPA TOPOGRÁFICO

© *Atlas Esencial de la Biblia* **CLIE**

▲ Río Jordán con el matorral (= zor) circundante.

te es Arabia Saudí. La porción más al sur de esta carretera, cerca de Hesbón, se llamaba "el camino del rey" (Nm. 21:22), aunque este nombre también se aplicaba a otro camino (Nm. 20:17).

(5) Por último, está el desierto oriental, situado al este de los montes Transjordanos. Al norte, las grandes montañas volcánicas y la lava vuelven inhabitable la región, pero su elevada altura ofrece una pluviosidad suficiente para el cultivo. El desierto estéril se extiende casi 650 km hasta el río Éufrates.

▲ *Wadi* con agua en el desierto de Judea. Destacan las estériles pendientes de caliza.

Algunos de los lugares reconocibles bíblicamente, de norte a sur, son: la región de Basán, la región de Galaad (con los ríos Yarmuk y Jaboc) y Moab (entre los ríos Arnón y Zered). La topografía, unida a una cantidad suficiente de precipitaciones, la convierten en una buena zona para cultivar trigo, olivos y viñas.

Al sur del valle del Zered se hallan los montes de Edom, que se extienden hasta Áqaba. A lo largo de la cresta occidental de esta cadena la pluviosidad permite cultivar trigo y cebada. La ciudad más famosa de esta remota región es Petra. El camino principal al este de la fosa tectónica era la carretera transjordana, que conectaba Damasco con los países situados en lo que actualmen-

SECCIÓN TRANSVERSAL DE LA PLUVIOSIDAD ANUAL (MIRANDO AL NORTE)

OESTE — ESTE

METROS (OESTE)		METROS (ESTE)
760		2.500
600		2.000
450		1.500
300		1.000
150		500
0		0
-300		-500
-450		-1.000
-600		-1.500

18,5 km — 19,2 km — 27,5 km — 11,2 km — 36 km — 19,3 km

Llanura costera — Sefela — Macizo central — Desierto — Valle de la falla — Montes Transjordanos — Desierto oriental

Asdod — **Shaar Hagay** — **Jerusalén** — **Ein Faria** — **Jericó** — **Hesbón** — **Tuneib**

- Asdod: Elevación 0 m / Pluviosidad 51 cm / Agosto 28ºC / Enero 14,5ºC (Temp. media)
- Shaar Hagay: Elevación 275 m / Pluviosidad 61 cm / Agosto 28ºC / Enero 15,5ºC
- Jerusalén: Elevación 790 m / Pluviosidad 61 cm / Agosto 24ºC / Enero 10ºC
- Ein Faria: Elevación 275 m / Pluviosidad 30 cm / Agosto 28ºC / Enero 8,8ºC
- Jericó: Elevación -257 m / Pluviosidad 10,1 cm / Agosto 30ºC / Enero 15,5ºC
- Hesbón: Elevación 700 m / Pluviosidad 20,3 cm / Agosto 30ºC / Enero 14,5ºC
- Tuneib: Elevación 700 m / Pluviosidad 10,1 cm / Agosto 28ºC / Enero 13,8ºC

PLUVIOSIDAD ANUAL
Hasta 71 cm — Hasta 61 cm — Hasta 51 cm — Hasta 40,5 cm — Hasta 30,5 cm — Hasta 20,3 cm — Hasta 10 cm

0 — 15 km

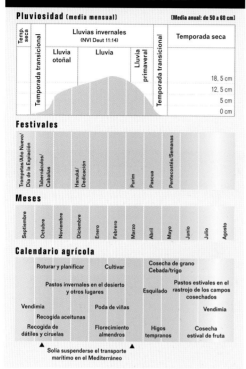

PATRONES DE PLUVIOSIDAD, AGRÍCOLAS Y PASTORALES EN LA ZONA DE JERUSALÉN

Pluviosidad [media mensual]

[Media anual: de 50 a 60 cm]

Temp. seca	Temporada transicional	Lluvias invernales (NVI Deut 11:14)		Temporada transicional	Temporada seca
		Lluvia otoñal	Lluvia	Lluvia primaveral	

18, 5 cm
12, 5 cm
5 cm
0 cm

Festivales

Trompetas/Año Nuevo/Día de la Expiación · Tabernáculos/Cabañas · Hanuká/Dedicación · Purim · Pascua · Pentecostés/Semanas

Meses

Septiembre · Octubre · Noviembre · Diciembre · Enero · Febrero · Marzo · Abril · Mayo · Junio · Julio · Agosto

Calendario agrícola

Roturar y planificar — Cultivar — Cosecha de grano Cebada/trigo

Pastos invernales en el desierto y otros lugares — Esquilado — Pastos estivales en el rastrojo de los campos cosechados

Vendimia — Poda de viñas — Vendimia

Recogida aceitunas

Recogida de dátiles y ciruelas — Florecimiento almendros — Higos tempranos — Cosecha estival de fruta

▲ Solía suspenderse el transporte marítimo en el Mediterráneo ▲

CLIMATOLOGÍA

El año israelí se divide en dos estaciones principales: la temporada de lluvias (de mediados de octubre a abril) y la temporada seca (de mediados de junio a mediados de septiembre). Las condiciones climáticas durante los meses estivales son relativamente estables. Lo habitual son días cálidos y noches frescas, y casi nunca llueve. En Jerusalén, por ejemplo, la media de temperatura máxima en agosto es de 30° C, y la mínima nocturna es de 18° C.

Durante el verano maduran las olivas, las uvas, los higos, las granadas, los melones y otras cosechas, atendidas por los granjeros. La mayoría de frutos se cosechan en agosto y septiembre. Durante el verano, los pastores trasladan hacia el oeste sus rebaños de ovejas y cabras, permitiendo que se alimenten del rastrojo del trigo y de la cebada en los campos que se cosecharon a finales de primavera. Dado que la tierra está seca durante los meses de verano, esto facilita los desplazamientos, y las caravanas y los ejércitos se trasladaban por la mayor parte del país sin dificultad; a menudo los ejércitos se hacían con los abundantes recursos de grano a costa de la población local.

La temporada de lluvias es mucho más fresca. Durante enero, la media de temperatura diurna en Jerusalén es de 10° C, y en la ciudad nieva una o dos veces al año. La vida es difícil en las regiones de las colinas, pero es una incomodidad que los habitantes soportan gozosos debido a la capacidad vivificadora de las lluvias. La Biblia hace referencia a tres secciones de la temporada de lluvias, en Deute-

▼ Cosecha del trigo a principios del verano.

ronomio 11:14: "yo daré la lluvia [heb. *matar*; dic. –feb.] de vuestra tierra a su tiempo, la temprana [otoño, heb. *yoreh*; oct. –dic.] y la tardía [primavera, heb. *malqosh*; mar. –abr.]; y recogerás tu grano, tu vino y tu aceite" (cfr. también Jer. 5:24; Os. 6:3). Destaquemos que:

- La pluviosidad decrece a medida que uno se traslada del norte al sur.

- La pluviosidad se reduce al viajar de oeste a este, alejándose del mar Mediterráneo.

- La pluviosidad aumenta con la altitud.

- La pluviosidad es mayor en la vertiente de barlovento (Mediterráneo) de los montes que en la de sotavento.

Durante un año típico, un granjero rotura su campo y planta sus semillas después de que las "lluvias de otoño" de octubre a diciembre hayan reblandecido la tierra dura y reseca por el sol. El grano madura durante marzo y abril, cuando se va reduciendo la lluvia. Estas "lluvias de primavera" son importantes para producir cosechas de reserva.

Existen dos estaciones transicionales. Una va desde principios de marzo hasta mediados de junio. Se ve puntuada por una serie de días cálidos, secos y polvorientos, a los que se conoce por el nombre de esos vientos: chamsin o siroco. El chamsin puede arrebatar las fuerzas tanto a humanos como a animales, dado que seca por completo todas las hermosas flores y hierbas que cubren el paisaje durante los meses invernales (Is. 40:7-8). Pero estos mismos vientos, cálidos y secos, contribuyen a la maduración de los granos al "encamarlos" antes de la cosecha.

La segunda estación transicional, de mediados de septiembre a mediados de octubre, señala el final de las condiciones estables y secas del verano. Es el momento de cosechar la fruta, y los granjeros comienzan a esperar ansiosos la llegada de la estación de lluvias. En otoño, el viaje por el Mediterráneo se vuelve peligroso (Hch. 27:9), situación que perdura durante los meses de invierno.

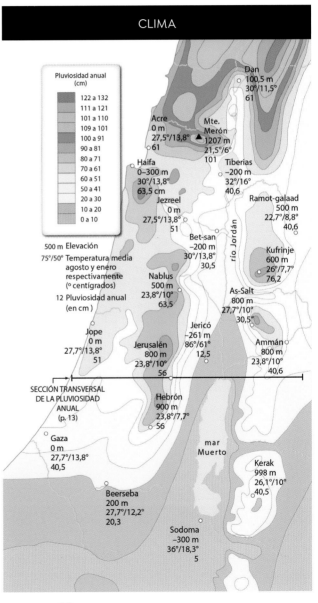

CLIMA

Pluviosidad anual (cm)

122 a 132
111 a 121
101 a 110
109 a 101
100 a 91
90 a 81
80 a 71
70 a 61
60 a 51
50 a 41
20 a 30
10 a 20
0 a 10

500 m Elevación
75°/50° Temperatura media agosto y enero respectivamente (° centígrados)
12 Pluviosidad anual (en cm)

SECCIÓN TRANSVERSAL DE LA PLUVIOSIDAD ANUAL (p. 13)

Dan
100,5 m
30°/11,5°
61

Acre
0 m
27,5°/13,8°
61

Mte. Merón
1207 m
21,5°/6°
101

Haifa
0–300 m
30°/13,8°
63,5 cm

Tiberias
–200 m
32°/16°
40,6

Jezreel
0 m
27,5°/13,8°
51

Ramot-galaad
500 m
22,7°/8,8°
40,6

Bet-san
–200 m
30°/13,8°
30,5

río Jordán

Kufrinje
600 m
26°/7,7°
76,2

Nablus
500 m
23,8°/10°
63,5

As-Salt
800 m
27,7°/10°
30,5

Jope
0 m
27,7°/13,8°
51

Jerusalén
800 m
23,8°/10°
56

Jericó
–261 m
86°/61°
12,5

Ammán
800 m
23,8°/10°
40,6

Hebrón
900 m
23,8°/7,7°
56

Gaza
0 m
27,7°/13,8°
40,5

mar Muerto

Kerak
998 m
26,1°/10°
40,5

Beerseba
200 m
27,7°/12,2°
20,3

Sodoma
–300 m
36°/18,3°
5

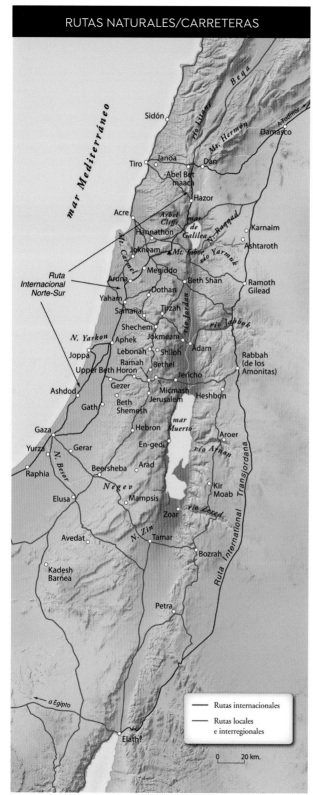

RUTAS NATURALES/CARRETERAS

LOS CAMINOS Y EL VIAJE

Las vías que existían en la antigua Israel se pueden dividir en tres categorías principales: internacionales, interregionales y locales. Las vías internacionales e interregionales tenían un propósito comercial, que era transportar mercancías como alimentos, ropa, metales, incienso y alfarería fina. Estas carreteras también servían como rutas de las expediciones militares y para el desplazamiento de comerciantes itinerantes, para la migración de pueblos, para la transmisión de mensajes gubernamentales y comerciales, y para el viaje de peregrinos a los lugares santos.

Quienes controlaban los caminos podían cobrar peaje a las caravanas que pasaban, vender alimentos y alojamiento y "ofrecer" los servicios de escoltas militares para "garantizar" la seguridad de los viajeros en territorios "peligrosos". Quienes vivían junto a las rutas internacionales estaban expuestos a nuevas influencias intelectuales, culturales, lingüísticas y religiosas, pero también a los estragos de la guerra, porque los ejércitos se desplazaban por esas mismas vías.

Además de ir a pie, los primeros modos de transporte incluyeron asnos, carretas, carros y caballos. Se domesticaron camellos para llevar las cargas pesadas. La gente prefería viajar durante la temporada estival seca, para no enfrentarse a un terreno embarrado y empapado los meses de invierno. En primavera era "el tiempo que salen los reyes a la guerra" (2 S. 11:1), porque los caminos estaban secos y podían disponer del grano cosechado para alimentar a sus tropas.

© **Atlas** *Esencial de la Biblia* **CLIE**

▲ Jerusalén durante un *chamsin*.
▼ Jerusalén tres días después del *chamsin*.

A veces a esta ruta internacional se la llama erróneamente "el camino del mar" (cfr. Is. 9:1) o "Via Maris". En Yaham, el viajero elegía uno de los distintos pasos que cruzaban el monte Carmelo. Había varias opciones para viajar entre Meguido y Damasco, desde donde uno podía proseguir hasta Turquía o hasta el río Éufrates.

La otra ruta internacional llevaba al sur desde Damasco, y cubría toda la longitud de la Transjordania. Una rama de esta ruta pasaba justo al este de los montes Transjordanos, donde había grandes reservas de agua, pero el viajero debía cruzar wadis complicados como los del Yarmuk. La otra rama llegaba más al este, siguiendo el borde del desierto, donde no había tanta agua, y las caravanas que la recorrían estaban expuestas a los ataques de las tribus del desierto.

A veces, a la ruta interregional que iba desde Beerseba en el sur hasta Siquem en el norte (pasando por Hebrón, Belén, Jerusalén, Ramá, Bet-el/Hai y Siloé) se la llama "ruta de los patriarcas", porque Abraham, Isaac y Jacob la recorrieron en su totalidad. Otros aluden a ella como "la ruta de las colinas", porque en muchos lugares "pasa de puntillas" por la cuenca fluvial de las montañas de Judea y de Efraín. Este camino es el escenario de numerosos sucesos recogidos en la Biblia.

La ruta internacional más importante que pasaba por Israel conectaba Egipto con sus rivales/aliados del norte y del este (hititas, hurritas, sirios, babilonios, persas, etc.).

▼ Río Yarmuk, al sur de Basán.

3 LA GEOGRAFÍA DE EGIPTO

OROGRAFÍA

Egipto, situado en el extremo nororiental de África, ha sido uno de los grandes centros de poder de Oriente Próximo. Su zona central es básicamente un largo oasis fluvial cercano al borde oriental del desierto del Sáhara. El 95% de Egipto es piedra, arena y desierto, y solo el 5% es tierra fértil para la agricultura, a la que el Nilo vivificador aporta sus aguas esenciales y sus sedimentos. El Nilo, que fluye hacia el norte desde su origen en África Central, es el río más largo del mundo (6 670 km).

Las fronteras tradicionales del antiguo Egipto eran el mar Mediterráneo al norte, el mar Rojo/golfo de Suez al este, la primera catarata (=rápidos) del Nilo cerca de Asuán al sur, y una línea de oasis norte a sur a unos 194 km al oeste del Nilo.

Egipto estaba dividido en dos regiones geográficas principales. El Alto Egipto, al principio del río (o sea, al sur), se extiende desde la primera catarata en el sur hasta el principio del delta cerca de El Cairo, mientras que el Bajo Egipto es el propio delta. En el Alto Egipto el terreno cultivable se halla a ambos lados del Nilo.

En la antigüedad, normalmente el Nilo subía entre 4, 5 y 7 m, desbordaba sus orillas e inundaba los campos cercanos. Las aguas embarradas cubrían los campos durante varios meses; cuando empezaban a drenarse en septiembre/octubre se desprendían de las sales indeseadas dejando tras ellas un estrato fresco de sedimentos fértiles. Los campesinos plantaban trigo y cebada en el terreno fangoso durante octubre/noviembre, recogiendo la cosecha desde enero a marzo. También consumían peces del río y aves silvestres, como patos y gansos. Se cultivaba lino para elaborar ropa,

cuerdas y velas, mientras se usaba el papiro para la producción de papel y su exportación.

El propio Nilo era la "carretera" principal, y las barcazas y los barcos comerciales eran formas de transporte habituales. La corriente trasladaba fácilmente esas naves río abajo, y los egipcios podían viajar río arriba aprovechando el viento del norte prevaleciente.

En la antigüedad, había siete ramales del Nilo en el Bajo Egipto que se abrían paso por el delta llegando al mar Mediterráneo. Esta área en forma de hondonada estaba bien provista del fértil limo arrastrado por el río durante milenios, y estaba atravesada por canales usados para la irrigación y el transporte. Además de las cosechas, las marismas proporcionaban algunos pastos para el ganado.

Desde el delta oriental, los ejércitos de los poderosos faraones de las dinastías XVIII y XIX (ca. 1500 – 1150 a. C.) lanzaban sus expediciones a Canaán y a otros países asiáticos.

CICLO ANUAL EN EL ANTIGUO EGIPTO

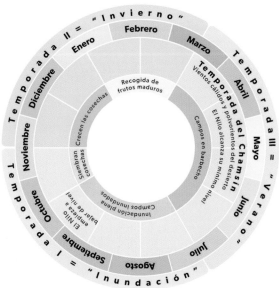

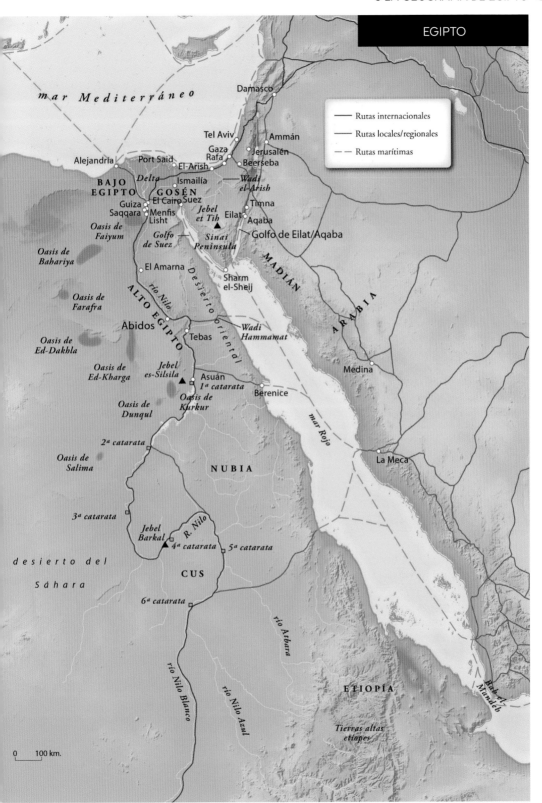

EGIPTO

Rutas internacionales
Rutas locales/regionales
Rutas marítimas

mar Mediterráneo

Damasco

Tel Aviv
Gaza
Rafa
Jerusalén
Beerseba
Ammán

Alejandría
Port Said
El-Arish
Ismailía
Wadi el-Arish

BAJO EGIPTO
Delta
GOSÉN
El Cairo
Suez
Timna

Guiza
Saqqara
Menfis
Lisht
Jebel et Tih
Eilat
Aqaba
Golfo de Eilat/Aqaba

Oasis de Faiyum
Golfo de Suez
Sinaí Peninsula

MADIÁN

Oasis de Bahariya
El Amarna

Sharm el-Sheij

ARABIA

Oasis de Farafra
río Nilo
ALTO EGIPTO
Desierto oriental

Abidos
Tebas
Wadi Hammamat

Oasis de Ed-Dakhla

Oasis de Ed-Kharga
Jebel es-Silsila
Asuán
1ª catarata
Berenice
Medina

Oasis de Kurkur

Oasis de Dunqul

2ª catarata

Oasis de Salima
NUBIA

mar Rojo

La Meca

3ª catarata

Jebel Barkal
R. Nilo
4ª catarata
5ª catarata

desierto del Sáhara
CUS

6ª catarata

río Atbara

río Nilo Blanco
río Nilo Azul
ETIOPÍA
Bab el-Mandeb

Tierras altas etíopes

0   100 km.

▲ Canal cerca del Nilo, que lleva el agua a los campos.

Según Génesis, fue en el rico y fértil delta oriental, conocido como "la región de Gosén", donde se asentaron Jacob y sus descendientes y comenzaron su estancia temporal en Egipto (Gn. 46 – 50).

Al este del delta se encuentra la península del Sinaí, de forma triangular. Su frontera norte es el mar Mediterráneo; esta costa está formada sobre todo por llanos arenosos y algunas dunas. El camino principal que conectaba Asia y África cruzaba esta área. No solo la usaban las caravanas comerciales, sino que los grandes ejércitos del mundo también pasaron por la zona. Las aguas de la mayor parte de la región se drenan mediante el Wadi el-Arish ("arroyo de Egipto"), que desemboca en el Mediterráneo en El-Arish.

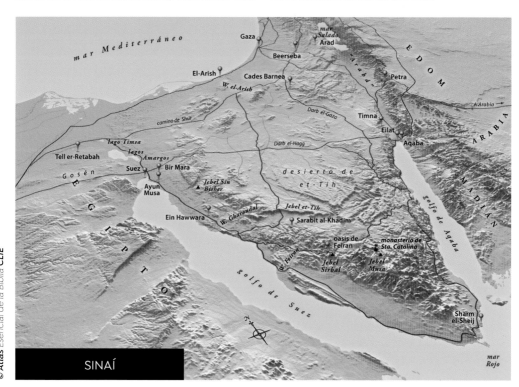

SINAÍ

▲ Luxor: mirando al oeste desde el Nilo, a la zona agrícola y los montes junto al valle de los Reyes.

Al sur, las dunas acaban dando paso a una serie de montañas. En esos montes y en sus proximidades hay manantiales, en concreto en el noreste, en Cades Barnea, donde está situada la fuente más caudalosa de la península. La punta sur del Sinaí está formada por impresionantes y dentadas cumbres de granito, algunas de las cuales superan los 2600 m de altitud. En ocasiones nieva sobre esta región montañosa granítica, pero la cantidad total de precipitaciones es mínima. En torno a los manantiales y las fuentes hay algunos oasis.

Debido a la escasa pluviosidad y al terreno anfractuoso, el Sinaí nunca ha tenido una población numerosa. En la antigüedad a los egipcios les interesaba sobre todo esta zona por sus minas de turquesas y de cobre.

Dinastías	Períodos	Fechas aproximadas (a. C.)
I-II	Protodinástico	3050–2700
III-VI	Imperio antiguo	2691–2176
VII-X	Primer período intermedio	2176–2023
XI-XIV	Imperio medio	2116–1638
XV-XVII	Segundo período intermedio	1638–1540
XVIII-XX	Imperio nuevo	1540–1070
XXI-XXV	Tercer período intermedio	1070–664
XXVI	Renacimiento de Sais	664–525
XXVII-XXXI	Dinástico tardío	525–330
	Conquista de Alejandro	332
	Dominio macedonio	332–304
	Dinastía ptolemaica	304–30
	Conquista romana	30

HISTORIA

La historia registrada de Egipto comienza en torno al año 3100 a. C., cuando el Alto y el Bajo Egipto se unieron formando un solo país. En un momento tan temprano como el tercer milenio a. C. los egipcios habían dividido el Alto Egipto en veintidós nomos, o distritos, y a finales del primer milenio a. C. se añadieron al total veinte nomos en el delta. Durante las épocas en que el gobierno central fue relativamente débil, a menudo los dirigentes de los nomos (los nomarcas) fueron poderosos.

Los historiadores dividen la línea monárquica en treinta o treinta y una "dinastías". Normalmente, los historiadores sitúan el inicio de la primera dinastía en torno al 3100 a. C., y acaban la serie con la dinastía ptolemaica (ca. 30 a. C.). Además, los egiptólogos y los historiadores combinan estas dinastías para formar periodos más generales o eras: los "imperios" (Bajo, Medio, Nuevo) eran periodos de fortaleza y estabilidad, mientras que los "periodos intermedios" (Primero, Segundo, Tercero) eran tiempos de desórdenes y caos político.

▲ Valle del Nilo cerca de Luxor: destaca el templo del Imperio tardío (esquina inferior derecha), los campos irrigados, el Nilo (que fluye de derecha [sur] a izquierda), y al otro lado del río, Luxor y el desierto.

Mark Connally

4 LA GEOGRAFÍA DE SIRIA Y LÍBANO

El área ocupada hoy por Líbano y Siria no solo fue una región importante por propio derecho, sino que también funcionó como una encrucijada que conectaba Babilonia y Asiria con Anatolia (la Turquía moderna) al noroeste, con el Mediterráneo al oeste y con Israel y Egipto al sudoeste.

La región está limitada al oeste por el mar Mediterráneo, al norte por los montes Amanus y Malatya, al este por una línea norte-sur que atraviesa Jebel Sinjar, al sur por el desierto sirio y, al final en el sudoeste por Damasco y el río Litani. Resulta difícil encontrar ni un solo nombre antiguo que se refiera a la región entera, aunque durante el primer y segundo milenio a. C. el área al oeste y al sur del Éufrates se llamaba "Amurru" (la "tierra occidental"), "la tierra más allá del río [Éufrates]" y "Aram".

En esta región hallamos muchas variedades de paisaje y de estilos de vida. Es posible cultivar grano al norte de un arco que discurre desde Damasco hasta Jebel Sinjar al noreste. La tierra al oeste y al norte de esta línea imprecisa recibe como mínimo 25 cm de lluvia al año, mientras que la pluviosidad disminuye rápidamente al sur de este arco. Allí se extienden porciones de la estepa/desierto Sirio, donde yerran los nómadas con sus rebaños en busca de los pastos invernales. Cuando las condiciones políticas eran relativamente estables, adquirió importancia una ruta de caravanas que atravesaba la estepa o desierto, desde Mari a Tadmor. Estas caravanas podían proseguir ruta hacia el oeste, hasta puertos en el Mediterráneo cercanos al río Kabir, o hacia el sur, a Damasco.

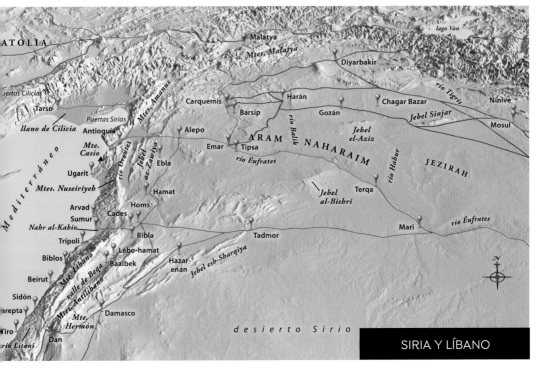

SIRIA Y LÍBANO

Mark Connally

▲ Cedro del Líbano en una ladera montañosa nevada.

▼ La ciudad insular de Arvad. Tiro también fue una ciudad insular como esta hasta la época de Alejandro Magno (ca. 322 a. C.), quien la conectó con tierra firme.

que se encuentra limitada por montañas al oeste y al norte, y por el desierto y afloramientos basálticos al este y al sur.

La estrecha línea costera mediterránea posee una serie de puertos, incluyendo Tiro y Arwad (fondeaderos isleños), Trípoli y Ugarit. Justo al entrar en la masa continental se yerguen las majestuosas montañas del Líbano, que en algunos puntos superan una altitud de 3000 m, y que están cubiertas de nieve durante seis meses al año. Es posible que esa blancura diera pie al nombre "Líbano", relacionado con una raíz hebrea que significa "blanco". Era allí donde crecían los preciados "cedros del Líbano".

Al este, los montes del Líbano caen en picado en el largo y estrecho Beqa ("valle"), donde hay profusión de huertos, con olivos y árboles frutales, viñedos y granos. El río Orontes drena el valle al noreste, y el Litani al suroeste. El río Litani pasa por un desfiladero empinado y estrecho, fluyendo al Mediterráneo justo al norte de Tiro. Al este del Beqa está la cordillera del Antilíbano, que en la antigüedad estaba recubierta de espesos bosques. Debido a esos obstáculos, la principal ruta internacional pasaba por Damasco hacia el este.

Al norte y al este del Éufrates hay una zona esteparia avenada por los ríos Habur y Balikh. Por esta área pasaban los caminos que conectaban Asiria, e incluso Babilonia, con Carquemis. Desde Carquemis, las caravanas y/o los ejércitos podían dirigirse al noroeste, hacia Anatolia, al oeste, al Mediterráneo, o al sur, hasta Siria, Israel y Egipto.

Situado en el extremo suroccidental de esta área se halla el oasis de Damasco. Esta ciudad fue clave para Israel, dado que casi todo el tráfico que entraba o salía del país desde el norte tenía que pasar por ella. Debido a esto, a lo largo de la historia muchos se disputaron el control de Damasco; sin embargo, raras veces ha podido esta ciudad extender su control muy lejos en ninguna dirección, por-

Cerca del extremo norte de la llanura costera, el monte Casio forma un hito prominente en paralelo a la costa del Mediterráneo. Justo al norte, la llanura de Antioquía proporciona una ruta pantanosa pero adecuada entre el Mediterráneo y Alepo, al este. Las pronunciadas escarpaduras de los montes Amanus (ca. 1800-2100 m) se yerguen al norte de las planicies, y a través de estos montes un paso conduce a la llanura de Cilicia y más adelante a Anatolia.

5 LA GEOGRAFÍA DE MESOPOTAMIA

Los ríos Tigris y Éufrates dominan la vida en el extremo oriental del Creciente Fértil. El nombre Mesopotamia se deriva del griego, y significa "tierra entre ríos". Es posible que originariamente se refiriera a la tierra entre los ríos Éufrates y Jabur, porque este término se usa en la traducción griega del Antiguo Testamento (Septuaginta) para hablar de Aram Naharaim (lit. "Aram de los dos ríos"), que estaba situado cerca de Nacor (Gn. 24:10). Tanto Polibio (siglo II a. C.) como Estrabón (siglo I d. C.) usan "Mesopotamia" para referirse al área entre el Éufrates y el Tigris. Hoy se refiere a la tierra entre estos dos grandes ríos y a ambos lados de ellos.

El Éufrates y el Tigris tienen su origen en las montañas de Armenia. Aunque la fuente del Tigris está a pocos kilómetros del punto por donde pasa el Éufrates, los dos ríos divergen y siguen cauces distintos. El Éufrates tiene más de 2800 km de longitud. Nace en Turquía y, después de fluir por las montañas de Armenia, se dirige al sur y alcanza la llanura siria del norte cerca de Carquemis. Dado que este área solo recibe unas precipitaciones de entre 9 y

▼ El Éufrates a su paso por Dura Europos.

Mark Connally/Chris Dawson

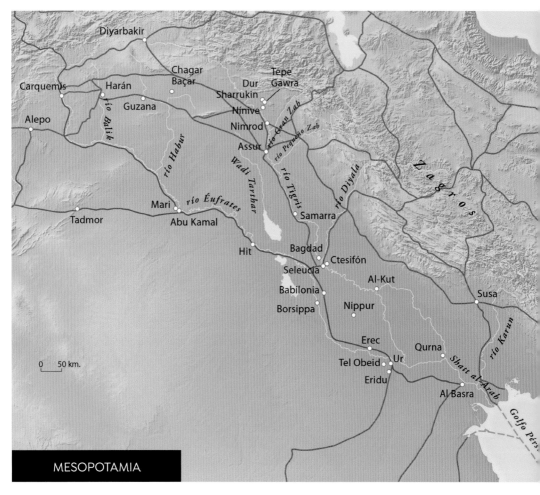

MESOPOTAMIA

18 cm de lluvia al año, la agricultura se encuentra confinada principalmente al estrecho valle fluvial, aunque en las estepas se cultivan algunas gramíneas; en ellas los rebaños de ovejas y cabras se alimentan de la vegetación invernal.

El Tigris, que nace en el lago Hazar, tiene una longitud de 1850 km. Fluye hacia el sur, atravesando el antiguo corazón de Asiria, y en otro tiempo junto a sus orillas se extendieron grandes ciudades (incluyendo Nínive y Asur). Tradicionalmente, en esta área se cultivan gramíneas, alimentadas por las lluvias invernales. Más al sur, cerca de Samara, hay algunos canales, escasas lluvias y pocos habitantes.

Sin embargo, más allá de Samara los canales se alejan del Tigris, y comienza la región del "delta" del Tigris y el Éufrates. Se trata de un llano triangular. El paisaje, por debajo del nivel del mar, es llano, amplísimo y carente de árboles. El sedimento, depositado con el paso de los siglos, tiene un espesor de entre 4, 5 y 7, 5 m.

Esta área recibe solo entre 9 y 18 cm de lluvia anuales, y la agricultura depende de las técnicas de irrigación. Los canales de ambos ríos se encuentran básicamente por encima de la superficie de la llanura circundante, y si el río se desborda en primavera se inundan grandes sectores de la planicie. La cantidad de agua acumulada cada año es errática, de modo que algunos años son testigos de tremendas inundaciones y otros de catastróficas sequías. Por lo tanto, los residentes de la zona han intentado dominar los ríos al desviar las crecidas a áreas más bajas situadas río arriba para evitar inundaciones río abajo.

Internamente, Mesopotamia producía suficientes alimentos para abastecer a su población. El transporte terrestre se hacía sobre todo a pie o en asno, pero en la llanura del sur topaba con el obstáculo que suponía cruzar los ríos Tigris y Éufrates, así como los numerosos canales y acequias. Además, a menudo el llano estaba cubierto de fango.

Las principales rutas para los viajeros que se desplazaban del noroeste al sudeste eran los ríos y los canales. Los materiales voluminosos (como madera y piedra) se transportaban por el Tigris y el Éufrates en balsas sujetas con pieles de animales. Después del viaje, las estructuras de madera se vendían y las pieles se cargaban en burros para el viaje de regreso hacia el norte. Dado que en la antigüedad los puentes eran casi desconocidos, las personas usaban balsas y grandes cestas circulares recubiertas de betún para cruzar los ríos y los canales.

Como Mesopotamia carecía de muchas materias primas, era necesario importarlas. El latón se importaba de Irán, Afganistán y las regiones caucásicas; la plata, de los montes Tauro; la madera común de los montes Zagros; el valioso cedro del Líbano y de los montes Amanus; y el cobre de numerosas áreas. Aparte, los artículos de lujo se importaban de India (especias y telas) y del sur de Arabia (incienso y mirra).

Una de las rutas principales de importancia tanto internacional como local que pasaba por el norte de Mesopotam[...] partía de Nínive y se dirigí[...] oeste hasta Carquemis (ve[...] 23 para el resto de las ruta[...] más, otra ruta importante

al Éufrates conducía al norte, desde el delta hasta Mari y luego hasta Carquemis o Tadmor.

Aunque los restos de ocupación humana en Mesopotamia se remontan al menos hasta el periodo neolítico (ca. 8000 a 4000 a. C.), Mesopotamia, como Egipto, se situó bajo el foco de la historia al principio de la era del Bronce-Temprano (ca. 3150 a. C.).

Dado que la vida en Mesopotamia se podría caracterizar como "la cultura del limo" (los cultivos se sembraban en el barro; las casas, palacios, templos, zigurats, etc., estaban hechos de arcilla), era natural que como medio de comunicación se usaran tablillas de barro o arcilla. Hacia el 3100 a. C. se había desarrollado en Mesopotamia la escritura cuneiforme (en forma de cuña). Dado que la arcilla se endurece cuando se seca o se cuece, se han descubierto miles y miles de documentos cuneiformes en Mesopotamia, Anatolia, Siria, Israel e incluso Egipto.

CICLO ANUAL EN EL SUR DE MESOPOTAMIA

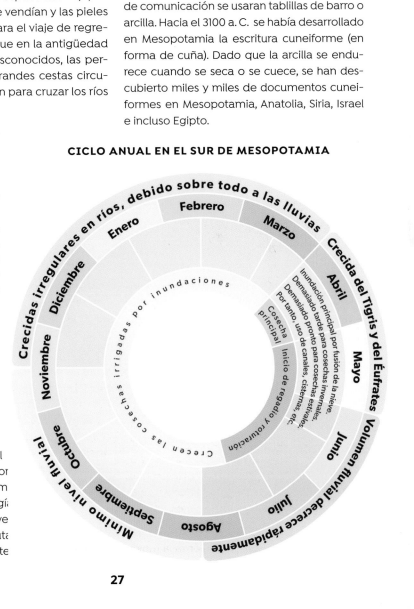

SECCIÓN HISTÓRICA

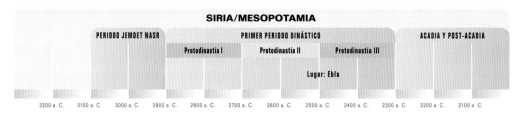

SIRIA/MESOPOTAMIA											
	PERIODO JEMDET NASR		PRIMER PERIODO DINÁSTICO						ACADIA Y POST-ACADIA		
			Protodinastía I		Protodinastía II		Protodinastía III				
						Lugar: Ebla					

| 3200 a. C. | 3100 a. C. | 3000 a. C. | 2900 a. C. | 2800 a. C. | 2700 a. C. | 2600 a. C. | 2500 a. C. | 2400 a. C. | 2300 a. C. | 2200 a. C. | 2100 a. C. |

CANAÁN											
	PERIODO DEL BRONCE ANTIGUO										
	Bronce antiguo I		Bronce antiguo II		Bronce antiguo III				Bronce antiguo IV		
			Lugares: Bab ed-Dra, Feife y Safi		Lugares: Numeria, Khanazir						

| 3200 a. C. | 3100 a. C. | 3000 a. C. | 2900 a. C. | 2800 a. C. | 2700 a. C. | 2600 a. C. | 2500 a. C. | 2400 a. C. | 2300 a. C. | 2200 a. C. | 2100 a. C. |

EGIPTO											
	PRIMER PERIODO DINÁSTICO				IMPERIO ANTIGUO						
	Dinastía I		Dinastía II		Dinastía III	Dinastía IV		Dinastía V		Dinastía VI	
					Construcción de pirámides durante dinastías III-VI						

| 3200 BC | 3100 a. C. | 3000 a. C. | 2900 a. C. | 2800 a. C. | 2700 a. C. | 2600 a. C. | 2500 a. C. | 2400 a. C. | 2300 a. C. | 2200 a. C. | 2100 a. C. |

6 EL PERIODO PREPATRIARCAL

EL HUERTO DEL EDÉN (GÉNESIS 1 – 3)

El libro de Génesis, usando un lenguaje escueto pero pintoresco, expone la historia del mundo desde el momento de su creación hasta el viaje de Jacob a Egipto. La segunda sección del relato sobre la creación (Gn. 2:4-25) se centra en la creación de los primeros humanos, que fueron introducidos en un entorno perfecto llamado el huerto del Edén.

En hebreo, el sustantivo "edén" significa "deleite". Algunos eruditos han sugerido que el Edén está relacionado con la palabra sumeria/acadia edin(u), que significa "llanura", y que esto es una descripción de la localización del Edén. Parece que Edén era el nombre de una localidad, y el jardín especial que fue plantado en su sección oriental (Gn. 2:8) se describe como un lugar donde había árboles y abun-

dancia de agua. Podemos concluir que estaba en un clima cálido; fijémonos en la mención de las higueras y la ausencia de ropa (3:7). El río principal que regaba el Edén se dividía en cuatro brazos, llamados Pisón, Gihón, Tigris y Éufrates (2:10-14). Estos dos últimos son bien conocidos, pero no pasa lo mismo con la identidad de los dos primeros.

Algunos sitúan el Edén al este de Turquía, cerca de las fuentes del Tigris y el Éufrates. Si esto es así, entonces el Pisón y el Gihón se podrían identificar como los ríos Aras y Murat. Otros sitúan el Edén al sur de Iraq. Esto tiene la ventaja de colocar el huerto en un entorno cálido, en la vecindad de los dos ríos identificables, el Tigris y el Éufrates. Entonces, el Pisón y el Gihón podían haber sido tributarios del Tigris y/o del Éufrates, o canales que se bifurcaran de estas corrientes.

La identificación de Havila y de Cus (Gn. 2:11-13) es difícil. Es posible que "Havila" fuera una región situada en el Sinaí y/o en Arabia (25:18), una localidad donde había vetas de oro, resinas aromáticas y ónice. La "tierra de Cus" suele referirse al territorio al sur de Egipto pero al norte de Etiopía, aunque también puede hacer referencia a una porción de Arabia o incluso a un territorio situado en los montes al este del río Tigris. Aunque la localización exacta del Edén sigue eludiendo a los intérpretes contemporáneos, su importancia teológica y espiritual ha sido apreciada, sin duda, tanto por antiguos como por modernos.

LA TABLA DE LAS NACIONES (GÉNESIS 10)

El texto bíblico describe el progreso de la pecaminosidad de la humanidad, que fue juzgada de forma culminante en el Diluvio (Gn. 6 – 9). Génesis 10 describe cómo las naciones del mundo conocido en aquel entonces descendieron de los tres hijos supervivientes de Noé: Jafet, Cam y Sem. Se considera que sus setenta descendientes mencionados en Génesis 10 fueron las cabezas ancestrales (=epónimos) de los clanes y de las naciones que llevaron sus nombres (v. 32). La lista se divide en tres secciones principales, empezando con los pueblos más distantes del horizonte de Israel y avanzando hacia sus vecinos más cercanos.

Primero hay una lista de los 14 descendientes de Jafet (10:2-5); se presta una atención especial a "los hijos de Javán", con quien los israelitas estuvieron en contacto más a menudo.

Génesis 10:6-20 enumera los 31 descendientes de Cam. En general, esos descendientes se asentaron en el territorio de Israel y en sus inmediaciones, pero también en el sureste y en África. La lista presta especial atención a

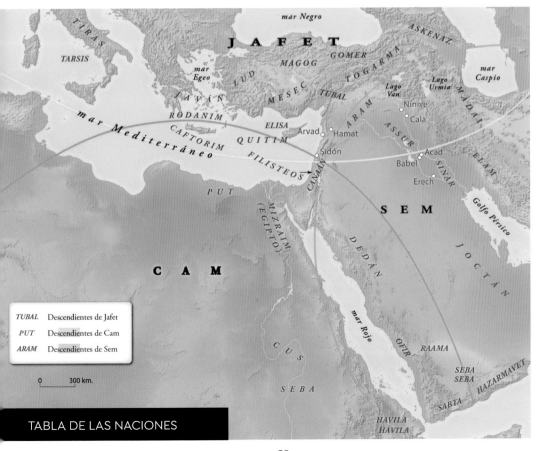

TUBAL	Descendientes de Jafet
PUT	Descendientes de Cam
ARAM	Descendientes de Sem

0   300 km.

TABLA DE LAS NACIONES

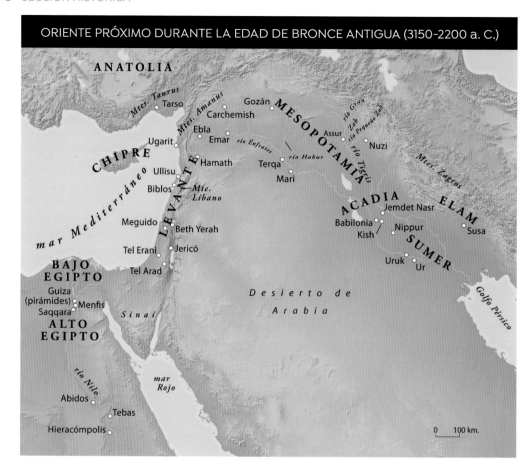

ORIENTE PRÓXIMO DURANTE LA EDAD DE BRONCE ANTIGUA (3150-2200 a. C.)

los descendientes de Canaán (vs. 15-19), con quien los israelitas estuvieron en estrecho contacto, y a las ciudades asociadas con el guerrero Nimrod (vs. 8-12).

La última sección (Gn. 10:21-31) contiene los 26 descendientes de Sem. Como es típico de Génesis, esta lista, el linaje más importante, aparece al final; Abram/Abraham fue descendiente de Sem. Esta lista presta una atención especial a los descendientes de Joctán, unas personas que sin duda fueron los epónimos de diversas tribus árabes.

MESOPOTAMIA:
LA EDAD DE BRONCE ANTIGUA

En Mesopotamia, durante el periodo Yemdet Nasr (3100-2900 a. C.), nació la escritura, y por primera vez se construyeron grandes ciudades donde había templos, palacios y fortifi-

caciones, cerca de los ríos Tigris y Éufrates. Se utilizaban herramientas de cobre, y la población creció notablemente. Según la lista de los reyes sumerios, esta fue la época durante la que gobernaron los miembros de las dinastías antediluvianas, que gozaron de largas vidas.

▲ Arad: trazado de la ciudad de la Edad del Bronce antigua (2800 a. C.), de 25 acres, hallada en Arad. Se aprecian la muralla, torres semicirculares, calles y edificios.

Mark Connally

▲ Guiza, Egipto: pirámides construidas por los gobernantes de la Dinastía IV (ca. 2600 a. C.),
cientos de años antes de Abraham.

Durante el periodo dinástico temprano (2900-2300 a. C.) el liderazgo se lo disputaron grandes ciudades como Kish, Uruk y Ur. Estas ciudades-estado poseían una cultura, una religión y un idioma (conocido como sumerio) unificados. El centro religioso de esta civilización fue la ciudad de Nippur. Durante este periodo se produjo buena parte de la literatura épica acádica.

El periodo dinástico temprano concluyó cuando Sargón de Acadia conquistó las antiguas ciudades-estado y estableció el primer imperio en esa región. Su nieto Naram-Sin parece haberse mostrado muy activo en occidente, alcanzando incluso la costa del Mediterráneo. Durante esta época florecieron las artes y se desarrolló la literatura. El Imperio acadio (2300-2100 a. C.) llegó a su fin debido a presiones tanto internas como externas.

**EGIPTO DURANTE
LA EDAD DE BRONCE ANTIGUA**

Al principio del periodo dinástico temprano (3050-2700 a. C.), el Alto y el Bajo Egipto se unieron formando un solo estado. Menfis se convirtió en la capital, y conservó ese rango a lo largo de todo el periodo del Imperio antiguo (2691-2176 a. C.).

El primer rey de la Dinastía I fue Narmer, y en su Paleta se le ve portando las coronas tanto del Alto como del Bajo Egipto. Egipto tuvo contacto con Palestina durante su reinado, porque en diferentes yacimientos se han encontrado piezas de alfarería con su nombre/signo. La arqueología también demuestra que durante este tiempo Egipto mantuvo contacto con Mesopotamia.

Durante el periodo del Imperio antiguo se estableció en la primera catarata la frontera tradicional del sur, se estabilizaron los símbolos de la escritura jeroglífica, se organizaron las estructuras administrativas y las composiciones artísticas adoptaron sus formas estilizadas.

Este periodo se conoce como "la era de los constructores de pirámides" (se construyeron 34 pirámides de las 47 existentes). Se piensa que las pirámides simbolizaban el poder del faraón y también su asociación con el dios del

EL SUR DEL LEVANTE DURANTE LA EDAD DE BRONCE ANTIGUA (3150–2200 a. C.)

Egipto empezó a desmoronarse durante las Dinastías VII y VIII. Según parece, hubo factores internos, como el coste que suponía mantener el culto en las pirámides, algunos faraones débiles y posiblemente una serie de inundaciones nilóticas escasas que provocaron una hambruna; todo esto llevó al país a los tiempos turbulentos del primer periodo intermedio.

EL LEVANTE SUR DURANTE LA EDAD DEL BRONCE ANTIGUA

Aunque los asentamientos humanos en el sur del Levante gozan de una larga historia, no fue hasta la Edad del Bronce antigua (3150-2200 a. C.) cuando se empiezan a ver grandes núcleos urbanos. Unas poderosas murallas con torres defensivas sobresalientes protegían la mayoría de los grandes centros urbanos. Se calcula que en Arad, a lo largo del perímetro del muro (1 170 m), existieron cuarenta torres así.

sol, Ra. No solo eran sepulcros, sino también centros religiosos del culto al dios-rey fallecido. Las más famosas son las pirámides de tres de los reyes de la Dinastía IV situadas en Guiza: Keops, Kefrén y Micerinos.

Aunque el Imperio antiguo es bien conocido gracias a sus pirámides, no se han conservado muchos documentos. Sabemos que se mantuvo un intenso contacto con Nubia, situada al sur, de donde se importaban artículos de lujo como oro, marfil y ébano. Al norte se ha hallado orfebrería de oro egipcia en Turquía, y se han descubierto artefactos egipcios en Líbano y en Siria.

Las casas típicas de este periodo eran de forma rectangular, con la entrada situada cerca del centro de una de las paredes largas; por eso se usa la expresión "casa ancha". Una maqueta de arcilla de una casa de este periodo temprano, hallada en Arad, indica que los edificios tenían azoteas planas y carecían de ventanas. En Meguido, Arad y otros lugares, se hallaron grandes edificios públicos, todos con forma de casa ancha, que podrían funcionar como templos. En Meguido se descubrieron cuatro edificios así en el área sagrada, junto con un gran altar circular.

© **Atlas** *Esencial de la Biblia* **CLIE**

▲ Meguido: altar de sacrificios (7 m de diámetro) de la Edad del Bronce antigua.

▲ Jericó: torre neolítica de 7 m de alto descubierta por Kathleen Kenyon.

Se han hallado grandes cementerios. En Bab edh-Dhra, por ejemplo, se calcula que unas 20 000 tumbas contienen los restos de medio millón de personas. Dado que hay más sepulcros que el número de personas que pudieron habitar en esas ciudades, seguramente esos camposantos eran lugares de enterramiento comunitarios.

En contraste con Egipto y Mesopotamia, en el sur del Levante no se han hallado archivos escritos. Una somera referencia al área apareció en la inscripción sepulcral de Uni, en Abidos, Egipto. Él describe cómo dirigió cinco campañas a la "tierra de los moradores de las arenas" durante el reinado de Pepi I (Dinastía VI). La referencia a una cumbre montañosa situada cerca del mar, llamada "morro de antílope", habla probablemente del monte Carmelo.

▼ Arad: cimientos de una muralla urbana de 3,5 m de ancho, y torre semicircular de la Edad del Bronce antigua.

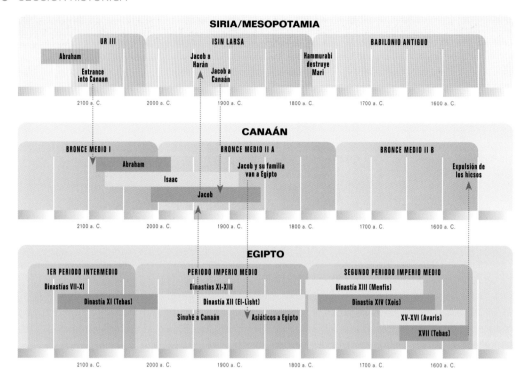

7 LOS PATRIARCAS Y LA RESIDENCIA EN EGIPTO

El final del tercer milenio a. C. señala el comienzo de la era de los patriarcas bíblicos: Abraham, Isaac, Jacob y José. Génesis 12 – 50 cuenta la emigración de Abram desde Ur de los caldeos hasta Canaán, y los sucesos que tuvieron lugar en las vidas de los patriarcas. Concluye con la migración de Jacob y su familia a Egipto.

Los indicadores cronológicos en Génesis y Éxodo indican que Abram nació a finales del tercer milenio a. C. (también son posibles otros sistemas cronológicos). Aquella fue una época de relativa paz y prosperidad en el sur de Mesopotamia, durante la cual su ciudad natal de Ur controló a la mayoría de otras ciudades-estado de la región. Esta era, conocida como la Tercera Dinastía de Ur, (ca. 2130-2022 a. C.), es muy conocida gracias a los millares de do-

cumentos cuneiformes. Durante ese tiempo muchas epopeyas y mitos de la antigüedad sumeria alcanzaron su forma definitiva. Hay miles de textos económicos, legales y judiciales que dan testimonio de los roles complejos y amplios que jugaban el palacio y el templo en la vida cotidiana de los habitantes. Fue en Ur donde Abram, que rondaba los setenta años, comenzó su peregrinaje de fe terrenal (Gn. 11:31; Hch. 7:4). Su primera parada fue Harán, una importante ciudad caravanera, un viaje que requería menos de treinta días.

Abram se quedó en Harán al menos un año, porque su padre, Taré, falleció allí. Las raíces de Abraham en el área de Harán/Aram indujeron a los israelitas a referirse a su ancestro como "un arameo errante" (Dt. 26:5, NVI).

EL VIAJE DE ABRAM DE UR A SIQUEM

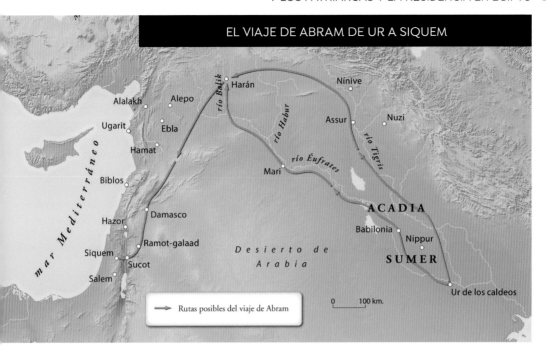

Rutas posibles del viaje de Abram

0   100 km.

A la edad de 75 años, Abram salió "para ir a la tierra de Canaán" (12:4-5). Seguramente su ruta le hizo atravesar Damasco hasta Ramot Gilead. Desde allí descendió por el valle del Jordán hasta Sucot, cruzó el río Jordán para entrar en Canaán y accedió a la región de colinas de Manasés, que le llevó a Siquem. Este viaje exigió como mínimo veinte días. Esta misma ruta básica fue la que más tarde usaría el siervo de Abraham cuando buscaba una esposa para Isaac (Gn. 24), Jacob cuando huía de su hermano Esaú para ir con su tío Labán, que vivía en Padan-aram (Gn. 27– 29), y también cuando volvió a Canaán (ver esp. 31:19 – 33:20).

En Siquem, donde estaba "la gran encina de Moré", el Señor se apareció a Abram y le prometió: "a tu descendencia daré esta tierra". Como respuesta, Abram edificó un altar y adoró a Dios allí (Gn. 12:6-7).

Desde Siquem, Abram viajó al sur, hasta las colinas al este de Bet-el y al oeste de Hai. Allí plantó su tienda y levantó otro altar (Gn. 12:8). Los detalles topográficos que se dan aquí encajan bien si identificamos Bet-el con la moderna Beitin y la patriarcal Hai con Et-Tell. Abram prosiguió hacia el sur atravesando la tierra de colinas de Judá hasta el Néguev (12:9). A menudo, a la ruta que siguió desde Siquem hasta Beerseba/Bet-el se le llama "la ruta de la cordillera" o "la ruta de los patriarcas".

▲ Et-Tell: mirando hacia el este, las ruinas del yacimiento de la Edad del Bronce antigua de la Hai patriarcal. Es posible que Abraham plantase su tienda cerca de donde se sacó esta foto (Gn. 12:8).

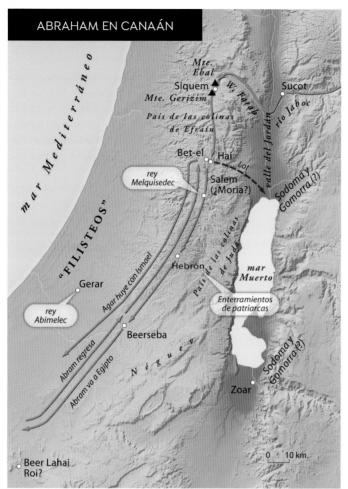

ABRAHAM EN CANAÁN

Mte. Ebal
Siquem
Mte. Gerizim
Valle Farah
Sucot
río Jaboc
País de las colinas de Efraín
Bet-el
Hai
Lot
valle del Jordán
rey Melquisedec
Salem (¿Moria?)
Sodoma y Gomorra (?)
mar Mediterráneo
"FILISTEOS"
Gerar
rey Abimelec
Agar huye con Ismael
Hebrón
País de las colinas de Judá
mar Muerto
Enterramientos de patriarcas
Beerseba
Abram regresa
Abram va a Egipto
Néguev
Sodoma y Gomorra (?)
Zoar
0   10 km.
Beer Lahai Roi?

El asentamiento típico consistía en un puñado de instalaciones pequeñas, endebles, de forma circular o rectangular, agrupadas en torno a un patio central en asentamientos pequeños y sin muros. En Palestina no se han descubierto fortificaciones ni edificios públicos correspondientes a este periodo. Es evidente que la tierra de las colinas de Judá no estaba densamente poblada.

Los arqueólogos han descubiertos muchas tumbas de la Edad del Bronce media. Suele tratarse de tumbas de pozo, que conducían a una o más cámaras, habitualmente con un cuerpo por cámara. En la región del Golán, Transjordania y otros lugares, se han descubierto campos con cientos de dólmenes (ver foto). Estas estructuras bajas y en forma de mesa se construían con tres o cuatro grandes rocas y, en ocasiones, señalaban enterramientos someros.

Si Abram entró en Canaán durante la Edad del Bronce media (BM), periodo I (2200-2000 a. C.), la gente habitaba en tiendas y cabañas.

▲ Néguev: asentamiento reconstruido del periodo I de la Edad del Bronce. Seguramente el poste central, parcialmente erguido, sirvió de apoyo a una tienda circular.

▲ Golán: un dolmen que señala un enterramiento del periodo I de la Edad del Bronce (ca. 2200-2000).

LOS SUCESOS DE GÉNESIS 14 Y LA EDAD DE BRONCE MEDIA I (2200-1200 a. C.) LUGARES DEL SUR DEL LEVANTE

Poco después de que Abram entrase en Canaán, la tierra experimentó una de sus frecuentes sequías. Abram recorrió el norte de la península del Sinaí hasta llegar a Egipto, donde encontró sustento para su familia (Gn. 12:10-20). Este fue el turbulento primer periodo intermedio en Egipto. Durante esa época, los ricos tuvieron que desempeñar labores domésticas mientras los pobres se enseñoreaban de ellos, se saquearon las tumbas de los faraones, se produjeron inundaciones escasas del Nilo y por todas partes cundieron la muerte y la destrucción.

Cuando Abram regresó a Canaán, pasó la mayor parte del tiempo en el Néguev, haciendo viajes esporádicos a la tierra de las colinas de Judá y Efraín. Los patriarcas criaban ovejas y cabras, y cultivaban grano (ver, p. e., Gn. 13:2, 5-7; 24:35; 26:12). Los pozos proporcionaban agua para sus familias y rebaños, aunque a menudo había disputas por el control de esas fuentes de agua. Tanto Abraham como Isaac tuvieron conflictos con el rey de Gerar respecto a pozos situados entre Gerar y Beerseba (Gn. 21:25; 26:12-33).

El intento que hicieron Abram y su clan de vivir en la región de Bet-el/Hai (Gn. 13) parece haber resultado un tanto problemático, posiblemente

Ciudad:	Rey:	Ciudad:	Rey:
Sodoma	Bera	Goim	Tidal
Gomorra	Birsa	Elasar	Arioc
Adma	Sinab	Sinar	Amrafel
Zeboim	Semeber	Elam	Quedorlaomer
Bela (Zoar)	-------------		
Salem	Melquisedec		

LUGARES DEL BRONCE MEDIO II
EN EL SUR DEL LEVANTE

▲ Dan: puerta bien conservada de ca.
1800 a. C., la época de los patriarcas.

Aunque la elección que hizo Lot de vivir en el valle del Jordán, bien irrigado, parecía lógica, se enfrentó a muchas dificultades y en dos ocasiones su tío Abraham tuvo que salvarlo de la muerte. Génesis 14 relata cómo cuatro reyes del norte (capitaneados por Quedorlaomer) invadieron el área y pelearon contra los cinco reyes de la llanura, que se habían rebelado contra su gobierno. Los reyes derrotados, junto con Lot, fueron llevados cautivos. Abram los persiguió hasta Dan y Hoba, rescatando a Lot y a los cinco reyes. Cuando Abram regresó, se encontró con "Melquisedec, rey de Salem" (v. 18; Salem = Jerusalén [Sal. 76:2]).

porque no había suficientes pastos en la zona o porque los cananeos y los ferezeos eran hostiles (13:7). Lot, el sobrino de Abram, optó por abandonar la tierra de colinas y afincarse en Sodoma, mientras Abram se quedaba donde estaba.

Los patriarcas visitaron muchos lugares en Canaán. En uno de los montes de la "región de Moria", seguramente una de las montañas en el área de Jerusalén, Isaac fue atado para ser sacrificado (Gn. 22:9; cfr. 2 Cr. 3:1). La única excepción para los asentamientos temporales fue uno situado cerca de Hebrón. Aquí Abraham compró la cueva de Macpela (Gn. 23), donde serían enterrados Abraham y Sara, Isaac y Rebeca y Jacob y Lea. Evidentemente, el Hebrón de la época de Abraham estaba situado en Jabla al-Rumeida, donde se han encontrado restos de la Edad del Bronce.

Génesis 18 y 19, el relato sobre la destrucción de Sodoma y Gomorra, cuenta la huida de Lot a Zoar. Según la cronología seguida aquí, la destrucción de Sodoma y Gomorra tuvo lugar hacia el final de la Edad del Bronce media I. Hasta la fecha, cerca del extremo sur del mar Muerto no se ha descubierto ningún yacimiento de esta época con el que pudiera identificarse ninguna de las cinco ciudades de Génesis 14:2. Pero estudios y excavaciones recientes a lo largo de las colinas transjordanas, al este y al sur del mar Muerto, han localizado cinco yacimientos del periodo de la Edad del Bronce antigua (3150-2200 a. C.): Bab edh-Dhra, Numeira, Zoar, Feifa y Khanazir (mapa p.

40

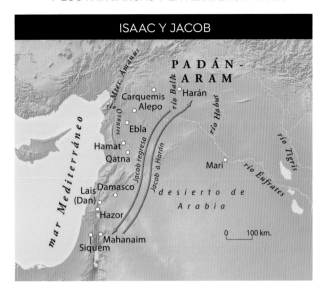

ISAAC Y JACOB

39). Algunos se han preguntado si estos cinco lugares pudieran ser los restos de las cinco ciudades de Génesis 14:2. Sin embargo, es difícil sostener esta identificación, porque el único periodo en el que estuvieron poblados esos lugares fue el periodo III de la Edad del Bronce antigua (ca. 2650-2350 a. C.), trescientos años antes de los sucesos relatados en la Biblia.

La cultura de Isaac y de Jacob fue la del periodo II de la Edad del Bronce media (2000-1550 a. C.). Durante la primera parte, Isaac y Jacob estuvieron activos en la tierra, hasta que el segundo se marchó a Egipto. Durante este tiempo, en Canaán se estaban construyendo nuevos centros urbanos, con murallas monumentales, palacios y templos. El bronce sustituyó al cobre como material predilecto para los aperos agrícolas y para las armas. En yacimientos importantes del Levante han aparecido estatuas, escarabajos y otros objetos de origen egipcio.

En Egipto, la Dinastía XII, en el periodo conocido como Imperio medio, fue un periodo de gran prosperidad. Volvieron a construirse

▼ Gezer: piedras erguidas de ca. 1600 a. C. (época de la estancia israelita en Egipto), testimonio seguramente de un pacto/tratado entre tribus cananeas locales.

▼ Delta del Nilo: la fértil "tierra de Gosén" donde vivió Israel, al noreste de Egipto.

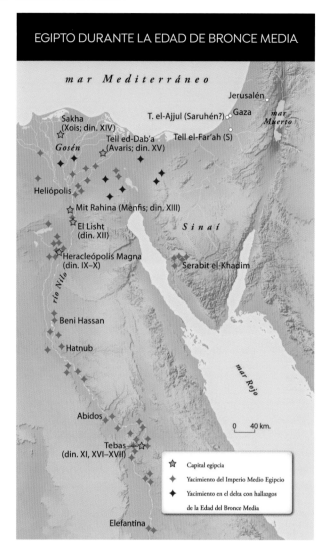

EGIPTO DURANTE LA EDAD DE BRONCE MEDIA

mar Mediterráneo

Jerusalén
Gaza
Sakha
(Xois; din. XIV)
T. el-Ajjul (Saruhén?)
mar
Muerto
Tell ed-Dab'a
Tell el-Far'ah (S)
Gosén
(Avaris; din. XV)

Heliópolis

Mit Rahina (Menfis; din. XIII)

El Lisht
(din. XII)
Sinaí

Heracleópolis Magna
(din. IX–X)
Serabit el-Khadim

río Nilo

Beni Hassan

Hatnub

mar Rojo

Abidos

0   40 km.

Tebas
(din. XI, XVI–XVII)

☆ Capital egipcia

◆ Yacimiento del Imperio Medio Egipcio

◆ Yacimiento en el delta con hallazgos

de la Edad del Bronce Media

Elefantina

vino, miel, aceitunas, cebada, trigo farro y ganado; esta lista es notablemente parecida a la que vemos en Deuteronomio 8:8.

Seguramente Jacob y su familia se trasladaron a Egipto durante la Dinastía XII, y se asentaron en el delta oriental del Nilo, en la tierra rica en agricultura llamada Gosén, donde permanecieron durante su larga estancia en Egipto (Gn. 47:4; cfr. Éx. 8:22; 9:26).

Durante la Dinastía XIII numerosos asiáticos del Levante se infiltraron en el delta oriental hasta que se hicieron lo bastante poderosos como para establecer lo que hoy se conoce como las Dinastías XV y XVI. Era fue la era de la dominación hicsa en el delta oriental. Los egipcios llamaron a estos gobernantes asiáticos "reyes de países extranjeros", un apelativo idóneo para los hicsos.

Durante la segunda parte del periodo II de la Edad del Bronce media en Canaán, se crearon importantes centros urbanos (mapa p. 40). La arquitectura de templos y palacios denota un elevado nivel cultural. Los reducidos hallazgos de oro, plata, marfil y alabastro indican una gran prosperidad cananea. En el entorno militar, los hitos importantes incluyen la introducción del carro de batalla tirado por caballos, y las ciudades protegidas por glacis (rampas construidas de tierra compactada, piedra y yeso) y fosos secos.

Buena parte de la estancia de Israel en Egipto tuvo lugar durante el turbulento segundo periodo intermedio, y es posible que el "nuevo rey que no conocía a José" (Éx.1:8) fuera hicso. Éxodo 1:9 nos dice que "el pueblo de los hijos de Israel es mayor y más fuerte que nosotros", un comentario que encaja mejor viniendo de un rey hicso (dado el número limitado de asiáticos) que de un gobernante egipcio nativo.

pirámides, ya se habían introducido estructuras administrativas y burocráticas, y florecieron las artes y las letras; ciertamente, este fue el periodo "clásico" de la literatura egipcia. Eran frecuentes los acuerdos comerciales con el Levante, sobre todo con Biblos.

El contacto de Egipto con el Levante queda reflejado en la historia de Sinué (ANET, 18-23), un relato de un egipcio que huyó de Egipto al Levante. Primero viajó a Biblos, pero entonces se asentó en la tierra de Araru (seguramente en la región de Galaad o de Basán), donde vivió hasta que regresó a su país natal, Egipto, donde murió. La historia incluso describe con detalle el producto de la tierra: higos, uvas,

Mark Connally

▲ Río Jaboc: mirando al valle del Jaboc cerca de Penuel (montículo pardo por debajo del horizonte, en la parte superior derecha de la foto), cerca de donde Jacob se reunió con Esaú cuando volvía de Harán.

Al final del periodo II de la Edad del Bronce media (1550 a. C.), los hicsos fueron expulsados de Egipto. Los textos egipcios describen batallas en el delta oriental del Nilo, el asedio de la capital de los hicsos, Avaris, y cómo el faraón Amosis echó a los gobernantes hicsos de Egipto haciéndoles regresar a Canaán, a la ciudad de Saruhén (ANET, 230-34, 553-55). Esta fue el área desde la que los reyes del Imperio nuevo lanzaron sus guerras de conquista de Canaán.

Los israelitas quedaron esclavizados en Egipto. Había aumentado su número, pero no poseían la tierra prometida a Abraham. Llevaban en Egipto más de trescientos años, pero era de todo menos una nación. Debió parecerles que era imposible que las rutilantes promesas hechas a Abraham, Isaac y Jacob se cumplieran; sin embargo, durante la siguiente fase de la historia de Oriente Próximo, e incluso siendo rivales de la nación más poderosa del mundo, Dios actuó decisivamente a favor de su pueblo.

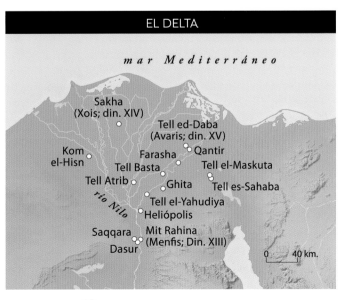

EL DELTA

mar Mediterráneo

Sakha
(Xois; din. XIV)

Tell ed-Daba
(Avaris; din. XV)

Kom
el-Hisn

Farasha   Qantir

Tell Basta   Tell el-Maskuta

Tell Atrib   Ghita   Tell es-Sahaba

río Nilo   Tell el-Yahudiya
Heliópolis

Saqqara   Mit Rahina
Dasur   (Menfis; Din. XIII)

0   40 km.

CANAÁN

| BRONCE MEDIO II B | BRONCE TARDÍO I | BRONCE TARDÍO II A |

Tutmosis III 1ª campaña en Canaán

Éxodo de Egipto

• Caída de Jericó, Hai, Hazor

Expulsión de hicsos de Egipto

• Principio de la conquista bajo Josué

1575 a. C. 1550 a. C. 1525 a. C. 1500 a. C. 1475 a. C. 1450 a. C. 1425 a. C. 1400 a. C. 1375 a. C. 1350 a. C. 1325 a. C.

EGIPTO

DINASTÍA XVIII DEL IMPERIO NUEVO

Amosis | Amenhotep I | Hatshepsut | Amenhotep II | Amenhotep III | Ay

Tutmosis I | Tutmosis III | Tutmosis IV | Akenatón | Haremhab

Tutmosis II | Semenkara | Tutankamón

1575 a. C. 1550 a. C. 1525 a. C. 1500 a. C. 1475 a. C. 1450 a. C. 1425 a. C. 1400 a. C. 1375 a. C. 1350 a. C. 1325 a. C.

8 EL ÉXODO Y LA CONQUISTA

EL ÉXODO DE EGIPTO

Una de las series de acontecimientos más relevante del Antiguo Testamento se centra en el éxodo de Egipto, la revelación de la ley de Dios en el Sinaí y el establecimiento de Israel en la Tierra Prometida. Dado que estos sucesos (Éx. 1 – Jos. 11) constituyen una narrativa continuada, los trataremos en su conjunto.

Según la cronología que estamos usando, el éxodo y la conquista se produjeron a finales del periodo I de la Edad de Bronce tardía I (1550-1400 a. C.). Durante la Dinastía XVIII egipcia, la opresión de los israelitas alcanzó el punto álgido. El primer faraón de esta dinastía, Amosis, unificó Egipto y expulsó a los hicsos. Posteriormente, Tutmosis I dirigió una campaña militar a través de Canaán y llegó a Siria, ¡alcanzando incluso el río Éufrates (ANET, 234, 239-40)! Al final de su reinado, Egipto dominaba desde Siria al noreste hasta la cuarta catarata del Nilo.

En 1457 a. C., al principio del reinado único de Tutmosis III, este organizó la primera de diecisiete campañas contra el Levante. Su primera expedición fue la más importante.

Mark Connally

▲ Karnak: Tutmosis III matando a sus enemigos cananeos, que sostiene en su mano izquierda. Estos, con las manos en alto, suplican clemencia. Debajo de Tutmosis hay tres filas de cartuchos con enemigos prisioneros.

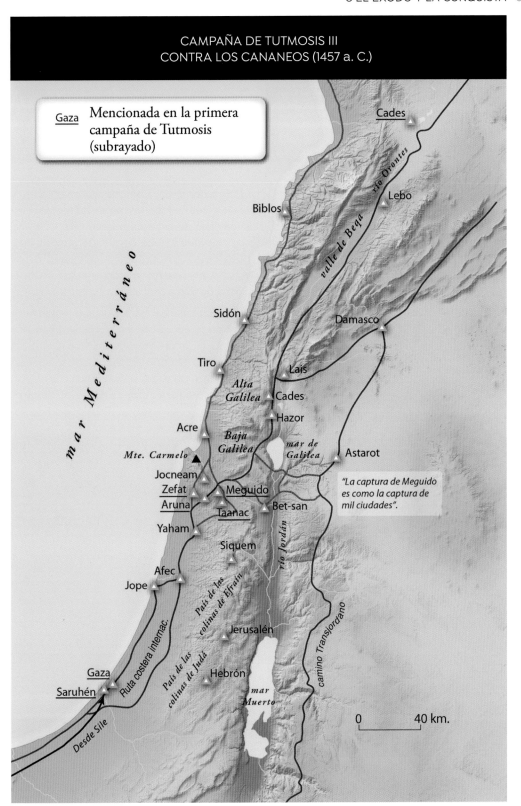

CAMPAÑA DE TUTMOSIS III
CONTRA LOS CANANEOS (1457 a. C.)

Gaza Mencionada en la primera
campaña de Tutmosis
(subrayado)

Cades

río Orontes

Biblos

Lebo

valle de Beqa

mar Mediterráneo

Sidón

Damasco

Tiro

Lais

Alta
Galilea Cades

Hazor

Acre

Baja
Galilea

mar de
Galilea

Astarot

Mte. Carmelo

Jocneam

Zefat

Meguido

Aruna

Bet-san

"La captura de Meguido
es como la captura de
mil ciudades".

Taanac

Yaham

río Jordán

Siquem

Afec

Jope

País de las
colinas de Efraín

Jerusalén

camino Transjordano

Ruta costera internac.

Gaza

País de las
colinas de Judá

Hebrón

Saruhén

mar
Muerto

0   40 km.

Desde Sile

Derrotó a una numerosa coalición cananea dirigida por el rey de Cades en el río Orontes.

Al derrotar a esa coalición en Meguido, Tutmosis III se hizo con el control de la mayor parte del Levante sur. No es de extrañar que un escriba anotase que "la captura de Meguido es [como] la captura de mil ciudades" (ANET, 237). El área que gobernó Tutmosis III incluía el área en la que pronto empezarían a asentarse los israelitas.

El sucesor de Tutmosis III, Amenhotep II, realizó tres campañas en Levante. Las descripciones de estas campañas (ANET, 245-48) sugieren que estaba perdiendo terreno. Después de su noveno año, la actividad militar egipcia en Levante quedó limitada hasta la época de Seti I.

La opresión de los israelitas que comenzó durante la época de los hicsos se intensificó durante la Dinastía XVIII temprana (Éx.1:13-22). Aunque no se conocen todos los aspectos de la opresión de Israel, el texto indica que "edificaron para Faraón las ciudades de almacenaje, Pitón y Ramesés" (v. 11). La ciudad de Ra-

▲ Karnak: tres cartuchos, de entre muchos, que representan a enemigos capturados por Tutmosis III. De izquierda a derecha se representan las ciudades de Cades (junto al río Orontes), Meguido (en Canaán) y Haszi (en el valle del Beqa).

▼ Sinaí: montes en torno a Jebel Musa, la ubicación tradicional del monte Sinaí.

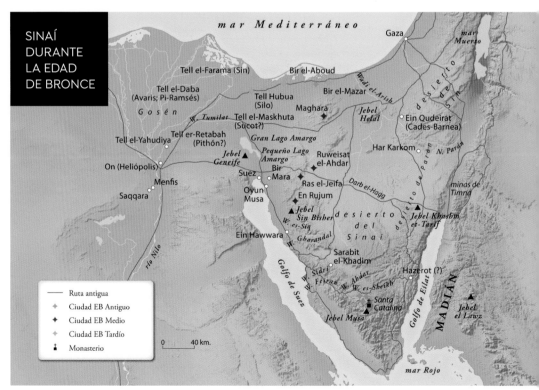

SINAÍ DURANTE LA EDAD DE BRONCE

mar Mediterráneo

Gaza
mar Muerto

Tell el-Farama (Sin)
Bir el-Aboud
Tell el-Daba (Avaris; Pi-Ramsés)
Bir el-Mazar
Wadi el-Arish
desierto de Sin
Tell Hubua (Silo)
Gosén
Maghara
Jebel Helal
Ein Qudeirat (Cades-Barnea)
W. Tumilat
Tell el-Maskhuta (Sucot?)
Tell el-Yahudiya
Tell er-Retabah (Pithón?)
Gran Lago Amargo
desierto de Paran
On (Heliópolis)
Jebel Geneife
Pequeño Lago Amargo
Ruweisat el-Ahdar
Har Karkom
N. Paran
Suez
Bir Mara
Menfis
Ras el-Jeifa
Darb el-Hagg
minas de Timná
Saqqara
Oyun Musa
En Rujum
desierto del Sinaí
Jebel Khashm et-Tarif
Jebel Sin Bisher
W. es-Siq
Eín Hawwara
W. Gharandal
Sarabit el-Khadim
W. Sidri
W. Feiran
W. Ahdar
W. es-Sheikh
Hazerot (?)
Santa Catalina
Golfo de Suez
Jebel Musa
Golfo de Eilat
MADIÁN
Jebel el Lawz
río Nilo
mar Rojo

Ruta antigua
Ciudad EB Antiguo
Ciudad EB Medio
Ciudad EB Tardío
Monasterio

0   40 km.

mesés fue el punto de partida de la marcha israelita de Egipto (Éx. 12:37; Nm. 33:3, 5), y se ha identificado sólidamente con Tell ed-Dab'a. Este enorme montículo contiene numerosos restos hicsos y antiguamente se llamó Avaris, la capital de ese pueblo.

Aunque la Biblia contiene mucha información geográfica relativa al éxodo y al viaje a Canaán, sigue siendo muy difícil la identificación de muchos lugares. Esto se debe en parte a la falta de continuidad entre la población de las regiones del desierto, que vuelve casi imposible la conservación de los topónimos antiguos. Los arqueólogos no han descubierto ningún artefacto que pueda atribuirse a los israelitas nómadas; al vivir en tiendas y usar contenedores hechos de pieles de animales en vez de alfarería, pocos restos permanentes dejaron a su paso.

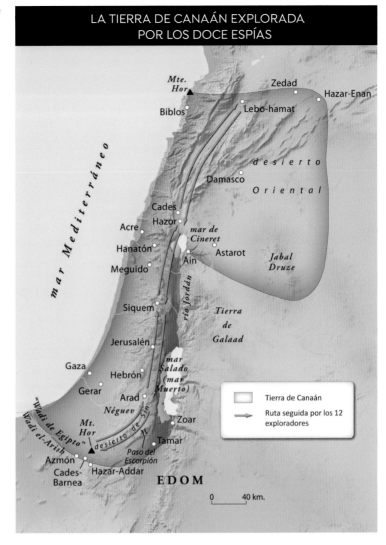

LA TIERRA DE CANAÁN EXPLORADA POR LOS DOCE ESPÍAS

Tierra de Canaán

Ruta seguida por los 12 exploradores

0   40 km.

Así, los eruditos tienen opiniones encontradas sobre la localización de hitos principales, como el mar Rojo y el monte Sinaí. Existen como mínimo diez propuestas para la localización del mar Rojo, o mar de las Cañas, y doce candidatos distintos para el monte Sinaí. A pesar de estas incertidumbres, podemos hacer algunas sugerencias sobre el éxodo y la ruta que siguió el pueblo. Después de salir de Ramesés, los israelitas viajaron hasta Sucot. Fijémonos que "Dios no los llevó por el camino de la tierra de los filisteos" (Éx.13:17), la conocida ruta que cruzaba el norte del Sinaí hasta Gaza,

▲ Jericó: muro de refuerzo de la Edad del Bronce media, sobre el que se asentaba una de las murallas de la ciudad.

que estaba bien vigilada por tropas egipcias. Dado que los israelitas fueron llevados "por el camino del desierto del Mar Rojo" (v. 18), parece ser que se dirigían al sureste, hacia la Suez actual (13:20 – 14:9).

Después, los israelitas cruzaron el mar Rojo. Dado que el texto hebreo original habla literalmente del "mar de las Cañas", muchos eruditos buscan un lugar en las áreas lacustres/marismeñas que solían existir en la región por la que pasa ahora el canal de Suez. Hay un punto cerca de la confluencia entre los lagos Salados grande y pequeño que es tan plausible como cualquier otro. Según los viajeros del siglo XIX, el agua en este punto no era muy profunda, e incluso mencionan que en ocasiones la profundidad del agua mermaba cuando cambiaba el viento. Recordemos que, según el texto, "hizo Jehová que el mar se retirase por recio viento oriental" (Éx. 14:21).

La identificación del monte Sinaí (Horeb) con Jebel Musa ("monte de Moisés") se basa en una tradición cristiana que se remonta hasta el siglo IV a. C. Allí, durante el periodo bizantino (324-640 d. C.), se levantó el monasterio desértico de santa Catalina. Pero la identificación sugerida del monte Sinaí con Jebel Sin Bisher también merece una atención especial. Algunos de los datos bíblicos respaldan esta identificación. Por ejemplo, se encuentra a aproximadamente tres días de Egipto (Éx. 3:18; 5:3; 8:27), en una encrucijada desértica donde había agua. Está cerca de Egipto, cerca del camino principal

EL VIAJE DE ISRAEL A LOS LLANOS DE MOAB

LA CONQUISTA DE GALAAD Y BASÁN

▲ Oasis de Jericó desde la colina de esta ciudad.

que conducía de Madián a Egipto, de modo que sería un punto plausible para el incidente de la zarza ardiente. Es posible que Moisés llevara las ovejas de Jetro por este camino para aprovechar el canal de agua y los pastos situados en el extremo oriental del delta del Nilo, cuando el Señor se le apareció en la zarza ardiendo. Esto sucedió cerca del monte donde más tarde le adoraría (3:1).

Después de acampar en torno a un año al pie del Sinaí, los israelitas partieron hacia la región de Cades Barnea. Este recorrido solía exigir once días (Dt. 1:2), lo cual encaja con la identificación del monte Sinaí con Jebel Sin Bisher, mejor que con Jebel Musa. De camino pasaron por el desierto del Sinaí, por el desierto de Parán, hasta el desierto de Sin cerca de Cades (Nm. 10:12; 33:36).

Desde Cades fueron enviados doce hombres para "que reconozcan la tierra de Canaán" (Nm. 13:2). Atravesaron el Néguev hasta la tierra de colinas, llegando tan hasta el norte como Rehob y Lebo-hamat (13:21). La "tierra de Canaán" se nos presenta aquí como una entidad geopolítica con fronteras definibles que se describen en Números 34:1-12 y Ezequiel 47:13-20.

Dado que el relato de la exploración de Canaán da prominencia a la región de Hebrón y al cercano valle de Escol (Nm. 13:22-24), es muy probable que esos exploradores israelitas siguieran la ruta de las Cumbres siguiendo la cadena montañosa central. Aunque no se mencionan por su nombre otras ciudades, se describen como "muy grandes y fortificadas" (v. 28). El propio territorio se describe como fértil; fijémonos en el enorme racimo de uvas, las granadas y los higos que trajeron al campamento los exploradores (vs. 23-24). Era una tierra "que fluía leche y miel" (v. 27), símbolos de fecundidad y abundancia.

Debido a la desobediencia del pueblo, Dios les condenó a errar por el desierto cuarenta años. Tras hacer un intento fallido por entrar en Canaán (Nm. 14:39-45), los israelitas empezaron su terrible experiencia en el desierto. Pasaron buena parte del tiempo en la región desolada entre Cades y Ezión-geber (cerca/junto al mar Rojo [33:36]), seguramente acampados cerca de Cades Barnea, al oeste de las tierras altas del Néguev.

Al final de este periodo, Miriam, la hermana de Moisés, falleció (Nm. 20:21). Cerca de Cades, Moisés desobedeció el mandato divino al golpear dos veces la peña, cuando tendría que haberle hablado (vs. 2-13); también en Cades Moisés pidió al rey de Edom que permitiese a los israelitas pasar por su territorio, por "el camino real" (v. 17). Está claro que los edomitas habían ampliado su control desde los montes Transjordanos hacia el oeste, cruzando el valle del Arabá y entrando en las tierras altas del Néguev. A pesar de la promesa de Israel de mantenerse en el camino y comprar agua (17-19), su petición fue rechazada. Partiendo de Cades, los israelitas llegaron al monte Hor, donde murió Aarón y Eleazar fue elegido para sustituirle (vs. 22-29).

Después los israelitas intentaron entrar en Canaán (Nm. 21:1-3). Al principio, el rey de Arad, que vivía en el Néguev, les derrotó, pero después de orar a Dios, los israelitas salieron vencedores de su segunda batalla. A pesar de esto, siguieron una ruta tortuosa hacia el sur y el este. Según parece, su ruta principal debía haberles llevado al sur, hasta el extremo del mar Rojo (hasta Ezión-geber y Eilat, ver Dt. 2:8), para dirigirse luego al norte y al este de las tierras de Edom y Moab (Jue. 11:18), viajando por lo que se llamaba "el camino real" (Nm. 21:22; aquí era el ramal oriental de la calzada transjordana).

Desde el "desierto de Cademot" (Dt. 2:26-30) se enviaron mensajeros a Sehón, rey de los amorreos (que vivía en Hesbón), pidiéndole permiso para cruzar por su territorio, de este a oeste, hasta el río Jordán. Sehón se negó y marchó contra los israelitas, pero fue derrotado (Nm. 21:23-24). Así, los israelitas tomaron posesión de la tierra de Sehón, desde el río Arnón en el sur hasta el río Jaboc en el norte (21:24-25; Dt. 2:36; Jue. 11:22).

A continuación fueron hacia el norte, subiendo "camino de Basán" (Nm. 21:33). Og, rey de Basán, que habitaba en Astarot (Dt. 1:4), se enfrentó a Israel en Edrei. Fue derrotado, y su territorio, desde el río Jaboc hasta el monte Hermón, cayó bajo dominio israelita (Nm. 21:33-35; Dt. 3:4-11).

Números 21 a Deuteronomio 34 describe los sucesos que tuvieron lugar durante la acampada de Israel, al este de Jericó, en los llanos de Moab entre Bet-jesimot y Abel-sitim (Nm. 22:1; 33:49). Allí Balaam bendijo a los israelitas en vez de maldecirlos (Nm. 22 – 25), y allí Moisés predicó sus últimos sermones antes de subir al monte Nebo para morir (Dt. 34).

LA CONQUISTA DE CANAÁN

Tras la muerte de Moisés, bajo el liderazgo de Josué, Israel cruzó el Jordán al este de Jericó. Este evento tuvo lugar durante primavera, porque el Jordán desbordaba sus orillas tras las lluvias invernales, y mientras se recogía la cosecha (¿de cebada?) (Jos. 3:15); además, se celebró la Pascua (marzo-abril) poco después "en Gilgal… en los llanos de Jericó" (5:10).

La primera ciudad que capturaron los israelitas fue Jericó (Jos. 6). Esta ciudad se ha identificado bien con Tell es-Sultan, un montículo de diez acres situado junto a una caudalosa fuente en medio de una región, por otro lado, árida. Allí vivieron al menos 2 000 personas. Algunos eruditos no creen que el perfil arqueológico del lugar se corresponda con la historia de Jericó tal como aparece en fuentes bíblicas y, ciertamente, si uno defiende una fecha tardía para la conquista (ca. 1250-1230 a. C.), en aquella época nadie vivía en Jericó. Sin embargo, si alguien se decanta por una fecha temprana para la conquista (ca. 1406 a. C.), el perfil arqueológico encaja mucho mejor. La alfarería y los escarabeos hallados en tumbas cercanas indican que en aquella época había personas viviendo allí.

La conquista de Hai (Jos. 7 y 8) plantea graves problemas al geógrafo histórico. Normalmente, la Hai bíblica se identifica con Et-Tell. Se dice que esta ciudad estaba al oeste de Bet-el (Gn. 12:8; Jos. 8:9, 12). Así, la identificación habitual de Bet-el con la moderna Beitin respalda la identificación de Hai con Et-Tell. Pero la imagen arqueológica de Et-Tell no encaja en absoluto con los datos históricos expuestos en la Biblia. Según los excavadores, la gran ciudad de la Edad del Bronce antigua fue destruida ca. 2400 a. C., y en ese lugar no habitó nadie de nuevo hasta ca. 1200 a. C. Es decir, que sin importar la fecha de la conquista que se proponga (1406 o 1250 a. C.), parece que Et-Tell

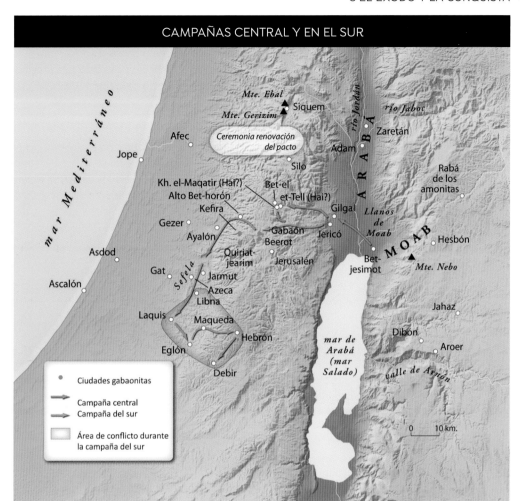

CAMPAÑAS CENTRAL Y EN EL SUR

Leyenda del mapa:

- Ciudades gabaonitas
- → Campaña central
- ⇒ Campaña del sur
- Área de conflicto durante la campaña del sur

Etiquetas del mapa: mar Mediterráneo, Mte. Ebal, Siquem, río Jordán, río Jaboc, Mte. Gerizim, Ceremonia renovación del pacto, Afec, Zaretán, ARABÁ, Jope, Adam, Silo, Rabá de los amonitas, Kh. el-Maqatir (Hai?), Bet-el, et-Tell (Hai?), Alto Bet-horón, Gilgal, Llanós de Moab, Kefira, Gezer, Gabaón, Jericó, MOAB, Hesbón, Ayalón, Beerot, Asdod, Quiriat-jearim, Jerusalén, Bet-jesimot, Mte. Nebo, Gat, Jarmut, Sefela, Azeca, Libna, Jahaz, Laquis, Maqueda, Dibón, Aroer, Eglón, Hebrón, mar de Arabá (mar Salado), valle de Arnón, Debir, Ascalón, 0 10 km.

---

estaba desocupada en el momento en que se supone que la conquistó Josué.

De hecho, parece que en la Biblia hubo tres lugares distintos llamados "Hai". La mencionada en las narrativas patriarcales (ca. 2000 a. C.; Gn. 12:8; 13:3) debe identificarse con Et-Tell. La Hai destruida por Josué (ca. 1400 a. C., Jos. 7 – 8) estaba situada posiblemente en el punto fortificado de dos acres llamado Khirbet el-Maqatir, situado a tan solo 900 m al oeste de Et-Tell y a 1,6 km al sur-sureste de Beitin (=Bet-el). Allí se ha descubierto un fuerte amurallado de finales del periodo I de la Edad de Bronce tardía. La Hai de Esdras 2:28 y Nehemías 7:32 (siglos VI y V a. C.) está situada en Khirbet Haiyan (cerca de 1, 6 km al sureste de Et-Tell).

A continuación, los israelitas se trasladaron al norte, al área de Siquem. Cerca, en el monte Ebal, Josué edificó un altar a Dios, hizo sacrificios y escribió en piedras (¿piedras monumentales erguidas?) una copia de la ley mosaica (Jos. 8:30-35). En el monte Ebal y en el monte Gerizim los israelitas leyeron las maldiciones y las bendiciones de la ley (Jos. 8:33-34; ver Dt. 27:11-14), renovando el pacto entre el pueblo y Yahvé.

Cuando los habitantes de la tierra de Canaán se enteraron de las victorias israelitas en Jericó y en Hai, se aliaron para defenderse mutuamente (Jos. 9:1-2). Sin embargo, un grupo de heveos que vivían en las ciudades de Gabaón, Cafira, Beerot y Quiriat-jearim (vs. 7, 17) optaron por firmar un tratado con Israel.

▲ Gabaón: la principal de las cuatro ciudades gabaonitas que hicieron un tratado con Israel (Jos. 9 – 10).

En el momento de hacer el tratado, los israelitas pensaron que los heveos eran "de tierra muy lejana" (v. 6), pero Israel pronto descubrió que los gabaonitas vivían en el centro del territorio.

Cuando el rey de Jerusalén se enteró del tratado entre Gabaón e Israel, se alarmó. Una ciudad vecina e importante (10:2), Gabaón, se había pasado al bando de los invasores israelitas, y la ciudad, junto con sus tres ciudades aliadas, estaba justo en los dos caminos principales que conducían de Jerusalén a la costa. Así quedaron interrumpidas las líneas de suministro de Jerusalén con la costa y con sus aliados egipcios, y podía ser presa fácil para los israelitas.

Jerusalén reunió a una coalición compuesta por los reyes de Hebrón, Jarmut, Laquis y Eglón (Jos. 10:5). Cuando estos dirigentes atacaron Gabaón, los gabaonitas apelaron a Josué basándose en su tratado. Josué respondió viajando con las tropas toda la noche desde Gilgal hacia la tierra de las colinas, para acabar con el asedio de Gabaón. La coalición fue derrotada, y los reyes y sus ejércitos huyeron hacia el oeste, bajando por Bet-horón, en busca de la seguridad de sus ciudades situadas en la Sefela (Jos. 10). Los israelitas, contando con ayuda divina (granizo y un día más largo de lo normal), derrotaron a esos ejércitos, y los propios reyes fueron ejecutados en Maceda (vs. 21-27). Lo que empezó como una misión de rescate acabó con la conquista del sur de Canaán; esta fue la segunda campaña importante que dirigió Josué.

La última fase de la conquista de Canaán (la campaña del norte) tuvo lugar cuando Jabín, el rey de Hazor, reunió una coalición que incluía a los reyes de Madón, Simrón y Acsaf (Jos. 11:1-3). Estos reyes acamparon "junto a las aguas de Merom" (vs. 4-5). El ataque israelita

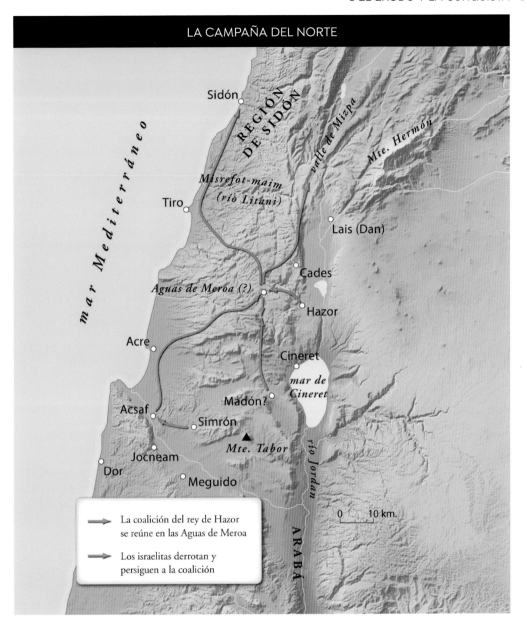

LA CAMPAÑA DEL NORTE

La coalición del rey de Hazor se reúne en las Aguas de Meroa

Los israelitas derrotan y persiguen a la coalición

0   10 km.

tuvo éxito, y cuando los reyes derrotados se retiraron, los israelitas los persiguieron hasta la región de Sidón. La ciudad de Jabín, Hazor, fue quemada (vs. 10, 13), pero los israelitas no remataron su victoria estableciendo un asentamiento en esa ciudad, porque la arqueología demuestra que los cananeos reocuparon la ciudad y habitaron en ella hasta su conquista a manos de Débora y Barac (Jue. 4 – 5), en torno al 1200 a. C.

Así se completaron las fases iniciales de la conquista de Canaán. Sin embargo, los escritores bíblicos eran muy conscientes de que dentro de Canaán seguía habiendo grandes porciones del país que estaban controladas por no israelitas (p. e., Jos. 13:1–7; mapa p. 59). La repartición del territorio, el asentamiento en él de los israelitas y el intento de lidiar con los grupos de población no israelita preocuparían a Israel durante los siglos siguientes.

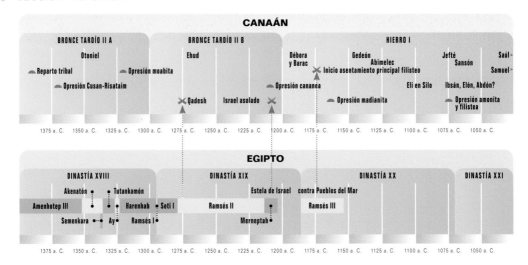

CANAÁN

BRONCE TARDÍO II A	BRONCE TARDÍO II B	HIERRO I

Otoniel — Ehud — Débora y Barac — Gedeón — Jefté — Saúl

Reparto tribal — Opresión moabita — Inicio asentamiento principal filisteo — Abimelec — Sansón — Samuel

Opresión Cusan-Risataim — Opresión cananéa — Elí en Silo — Ibsán, Elón, Abdón?

Qadesh — Israel asolado — Opresión madianita — Opresión amonita y filistea

1375 a. C. 1350 a. C. 1325 a. C. 1300 a. C. 1275 a. C. 1250 a. C. 1225 a. C. 1200 a. C. 1175 a. C. 1150 a. C. 1125 a. C. 1100 a. C. 1075 a. C. 1050 a. C.

EGIPTO

DINASTÍA XVIII	DINASTÍA XIX	DINASTÍA XX	DINASTÍA XXI

Akenatón • Tutankamón — Estela de Israel contra Pueblos del Mar

Amenhotep III • Harenhab • Seti I — Ramsés II — Ramsés III

Semenkara •–• Ay • Ramsés I • — Merneptah •

1375 a. C. 1350 a. C. 1325 a. C. 1300 a. C. 1275 a. C. 1250 a. C. 1225 a. C. 1200 a. C. 1175 a. C. 1150 a. C. 1125 a. C. 1100 a. C. 1075 a. C. 1050 a. C.

9 EL ASENTAMIENTO EN CANAÁN Y LA ÉPOCA DE LOS JUECES

LA REPARTICIÓN DEL TERRITORIO

Tras la conquista inicial de Canaán, las diversas tribus israelitas empezaron a recibir porciones de territorio (ver Jos. 13 – 21). Aunque la repartición en sí misma tuvo lugar en los días de Josué y de Eleazar hijo de Aarón (14:1; 19:51), posteriores copistas y editores del libro de Josué parecen haber "actualizado" las listas de ciudades mencionadas como pertenecientes a las diversas tribus.

Los territorios tribales se describen de tres maneras. En algunos casos la frontera de una tribu determinada se describe como una línea que discurre del punto A al B y al C, etc., como un dibujo "sigue los puntos" (p. e., los límites de Judá en Jos. 15:1-12). Segundo, el texto a veces hace listas de ciudades que pertenecen a una tribu dada (p. e., Judá en 15:21-63; Benjamín en 18:21-28). Un tercer método cita las ciudades situadas en los extremos de un territorio tribal (p. e., Rubén en 13:16-17; "desde Aroer... hasta Hesbón").

▼ Zona de las colinas de Judá, donde se asentó Israel. Agricultura de bancales, tierra fértil, edificios de piedra.

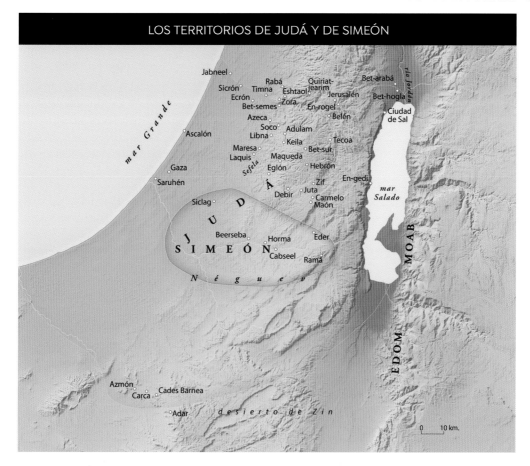

LOS TERRITORIOS DE JUDÁ Y DE SIMEÓN

Judá (Jos. 15; Jue. 1:8-18)

Judá es la primera tribu a la que se adjudica un territorio. Su extremo sur (15:1-4) era idéntico al de la tierra de Canaán (Nm. 34:3-5; mapa p. 47), mientras que la frontera norte coincidía primero con el extremo sur de Benjamín (Jos. 15:5-10; 18:14-19) y entonces, siguiendo el camino del valle de Sorec hacia el oeste hasta el mar Mediterráneo (15:10-11), con la frontera sur de la tribu de Dan (mapa p. 57).

Además se incluye una larga lista de 132 ciudades para Judá, divididas en cuatro áreas geográficas: el Néguev (Jos. 15:20-32), la Sefela (vs. 33-47), el país de las colinas (vs. 48-60) y el desierto oriental (vs. 61-62). El corazón de Judá estaba confinado a las cumbres de los montes, pero durante los periodos en que fueron fuertes, se extendieron al oeste, a la Sefela, y al sur, hacia el Néguev. Solo esporádicamente controló Judá los llanos filisteos.

Simeón (Jos. 19:1-9; 1 Cr. 4:24-43)

Simeón recibió territorio dentro de Judá. De las 17 ciudades mencionadas (Jos. 19:2-7), 15 se habían mencionado antes en la lista de ciudades de Judá. Su sede principal estaba al oeste del Néguev. Dado que el territorio de Simeón solo recibía 25 cm de lluvia al año, la tribu se especializó en la cría de ganado.

Efraín (Jos. 16; Jue. 1:29)

El límite sur de Efraín coincidía con el límite norte de Benjamín (Jos. 16:1-5; 18:12-13), mientras que al oeste estaba separado del mar por la tribu de Dan (19:40-48). Su frontera noroccidental discurría por el barranco del Caná (16:8; 17:7-10), mientras que al norte y al este se nos ofrecen menos puntos fronterizos. Como Judá, Efraín vivía en la escarpada zona montañosa. Los profundos valles en V le proporcionaban seguridad y áreas inaccesibles.

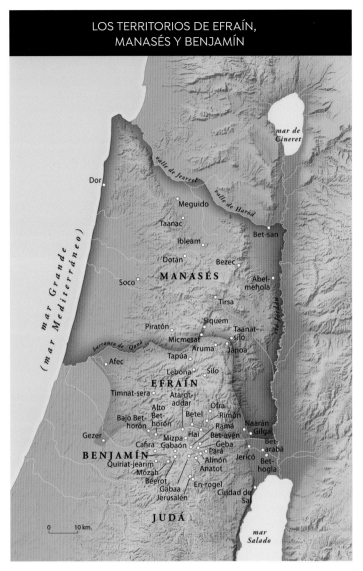

LOS TERRITORIOS DE EFRAÍN, MANASÉS Y BENJAMÍN

densamente boscoso, talando árboles para disponer de la necesaria tierra de cultivo (vs. 15-18).

Después, Josué 18:1-10 se centra en Siloé, en el país de las colinas de Efraín, donde se levantó el tabernáculo. Desde allí, Josué envió a tres hombres de cada una de las tribus restantes para redactar un documento sobre las porciones restantes de Canaán. Basándose en esa investigación se repartieron los territorios pendientes.

Benjamín (Jos. 18:11-28; Jue. 1:21)

El territorio de Benjamín estaba entre dos poderosas tribus, Efraín (al norte) y Judá (al sur). Jerusalén ("la ciudad jebusea") revestía un interés especial, y estaba localizada en Benjamín, no en Judá (Jos. 18:16-17).

No es posible exagerar la importancia estratégica de Benjamín. Uno de los principales caminos de aproximación desde la llanura costera hasta el país de las colinas discurría por su porción occidental. Al este, diversos caminos conducían al valle de la fosa tectónica y se unían a los oasis de Jericó, y desde allí procedían cruzando los vados del Jordán hasta Transjordania. Así, Benjamín era una de las áreas tribales más ajetreadas, porque las potencias internacionales invasoras a menudo entraban en las colinas por los caminos del este o el oeste, y cuando los reinos israelitas del norte y del sur pretendían extender su influencia, de vez en cuando libraban batallas en el territorio de Benjamín.

Manasés (Jos. 17; Jue. 1:27-28)

Mientras que una parte de Manasés se asentó en la tierra de Galaad (ver abajo), la otra lo hizo en Canaán. Solo la frontera suroccidental se describe con cierto detalle (Jos. 17:7-11). Manasés se extendía desde el mar Mediterráneo hasta el río Jordán; la frontera del sur colindaba con la de Efraín, mientras en el norte Manasés limitaba con Aser, Zabulón e Isacar (mapa p. 56). Había ciudades como Dor, Meguido, Bet-seán y Taanac que fueron difíciles de tomar, debido al poderío de los cananeos en las llanuras. Así, Manasés se asentó en un territorio

Zabulón (Jos. 19:10-16; Jue. 1:30)

La mayor parte del territorio que tocó a Zabulón estaba limitado a las tierras altas sobre el valle de Jezreel al sur; de vez en cuando, su territorio llegó al otro lado del valle, para incluir una ciudad como Jocneam (cfr. Jos. 21:34).

Isacar (Jos. 19:17-23)

Las ciudades entregadas a Isacar estaban situadas en los valles y en las alturas basálticas del este de la baja Galilea, así como en la porción oriental del valle de Jezreel. Dada la presencia de rocas basálticas y la falta de acuíferos, las alturas nunca estuvieron densamente pobladas; los principales asentamientos estaban en los valles. Los principales caminos internacionales discurrían cerca de las fronteras sur y oeste, y habrían permitido fácilmente la invasión de ejércitos en movimiento.

Aser (Jos. 19:24-31; Jue. 1:31)

A Aser se le concedió un territorio en la esquina noroccidental de Israel. Su territorio se extendía desde el monte Carmelo en el sur hasta el río Litani en el norte, y teóricamente incluía el área costera. Pero Aser no logró hacerse con el control de ciudades importantes situadas en la franja costera (Jue. 1:31). El único puerto natural de todo el país, Acre, estaba situado en la porción de Aser, pero pocas veces estuvo bajo control israelita.

Neftalí (Jos. 19:32-39; Jue. 1:33)

La destacada colina del monte Tabor funcionaba como punto de encuentro para las fronteras de tres tribus: Isacar, Neftalí y Zabulón. Dado que buena parte de Galilea estuvo deshabitada antes de la llegada israelita, seguramente Neftalí se pudo asentar en las colinas con relativa facilidad.

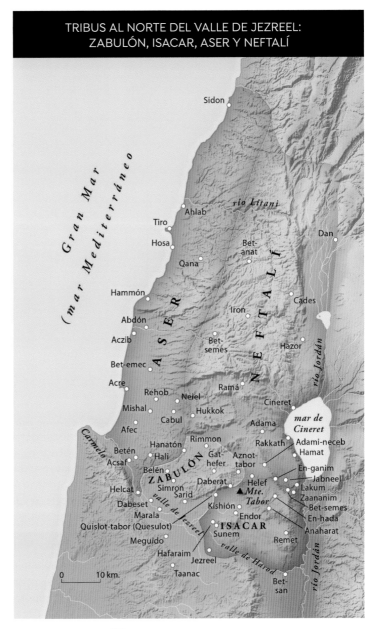

TRIBUS AL NORTE DEL VALLE DE JEZREEL: ZABULÓN, ISACAR, ASER Y NEFTALÍ

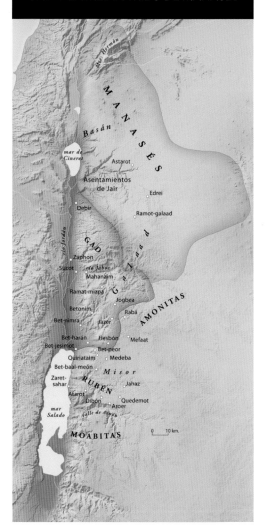

EL TERRITORIO DE DAN

LAS TRIBUS TRANSJORDANAS: RUBÉN, GAD Y LA MEDIA TRIBU DE MANASÉS

Dan (Jos. 19:40-48; Jue. 1:34-35; 17 – 18)

La frontera oriental de Dan, en las estribaciones occidentales de los montes que daban a la llanura costera, coincidía con la frontera occidental de Benjamín. Su frontera sur era idéntica a la del norte de Judá, y seguía el valle del Sorec hasta el mar Mediterráneo (Jos. 15:10-11).

El territorio de Dan estaba a caballo del valle del Ajalón, por el que discurría el camino principal para ir al país de las colinas de Efraín, Benjamín y Judá. Además, la principal ruta internacional norte-sur discurría por la zona occidental de Dan. Por lo tanto, los danitas no podían extenderse al oeste, sino que estaban confinados a las pendientes occidentales de los montes (ver Jue. 1:34-35; 13-16). Debido a la presión amonita, algunos danitas se trasladaron al norte, a Lais/Lesem, que capturaron y rebautizaron como "Dan" (Jue. 17 – 18).

Rubén, Gad y Manasés (Jos. 13:8-33; Nm. 32)

El territorio de Rubén (Jos. 13:15-23; Nm. 32:37-38) iba desde el arroyo de Arnón en el sur hasta la ciudad de Hesbón en el norte. El territorio concedido a Gad se extendía desde Hesbón a

© **Atlas** *Esencial de la Biblia* **CLIE**

CIUDADES LEVÍTICAS EN LAS ÁREAS TRIBALES, Y CIUDADES DE REFUGIO

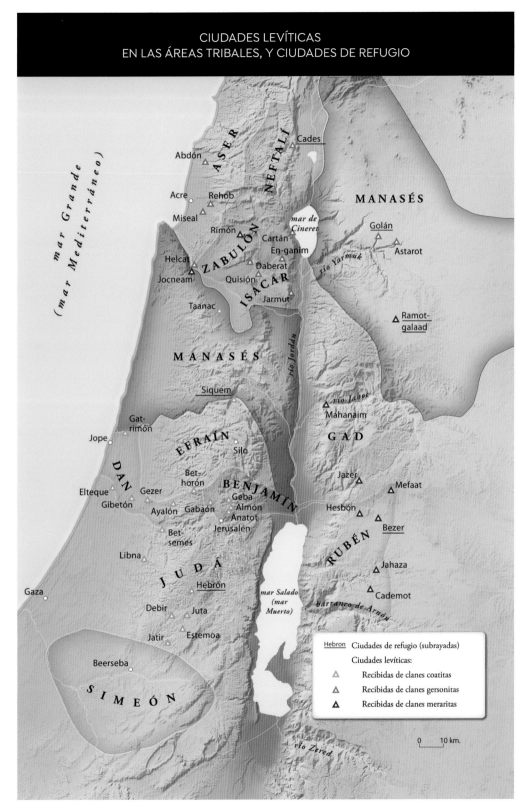

mar Grande (mar Mediterráneo)

ASER

NEFTALÍ

Cades

Abdón

Acre   Rehob

Miseal

Rimón

ZABULÓN

Cartán

En-ganim

MANASÉS

Golán

Astarot

mar de Cineret

río Yarmuk

Helcat

Daberat

Jocneam   Quisión

ISACAR   Jarmut

Taanac

Ramot-galaad

río Jordán

MANASÉS

Siquem

río Jaboc

Mahanaim

Gat-rimón

Jope

EFRAÍN

Silo

GAD

DAN

Bet-horón

Gezer

BENJAMÍN

Jazer

Mefaat

Elteque

Gibetón

Ayalón   Gabaón

Geba

Almón

Anatot

Hesbón

Bezer

Bet-semes

Jerusalén

Libna

JUDÁ

Hebrón

RUBÉN

Jahaza

Gaza

Debir   Juta

mar Salado (mar Muerto)

Cademot

barranco de Arnón

Jatir   Estemoa

Beerseba

SIMEÓN

río Zered

Hebron Ciudades de refugio (subrayadas)

Ciudades levíticas:

△ Recibidas de clanes coatitas

△ Recibidas de clanes gersonitas

▲ Recibidas de clanes meraritas

0   10 km.

LÍMITES DEL ASENTAMIENTO ISRAELITA

Ahlab

Tiro

Bet-anat

Dan

Alta Galilea

M A A C A T E O S

Aczib

Bet-semes

S I D O N I O S

Acre

Rehob

Afec

mar de Cineret

G E S U R I T A S

Baja Galilea

C A N A N E O / E G I P C I O

río Yarmuk

Dor

Meguido

Taanac

Bet-san

m a r   G r a n d e
(m a r   M e d i t e r r á n e o)

Ibleam

río Jordán

País de las colinas de Manasés

Siquem

río Jaboc

País de las colinas de Efraín

G a l a a d

L l a n u r a   c o s t e r a

Shaalbim

Gezer

Ayalón

Rabá de los amonitas

Ecrón

Asdod

Jebús

J E B U S E O S

Bet-semes

Meseta de Moab (Misor)

Ascalón

Gat

C A N A N E O
(L U E G O   F I L I S T E O)

Hebrón

Gaza

País de las colinas de Judá

mar Salado (mar Muerto)

valle de Arnón

A V E O S

	Límites del asentamiento israelita
Gat	Centros cananeos sin conquistar (negrita)

0 — 10 km.

río Zered

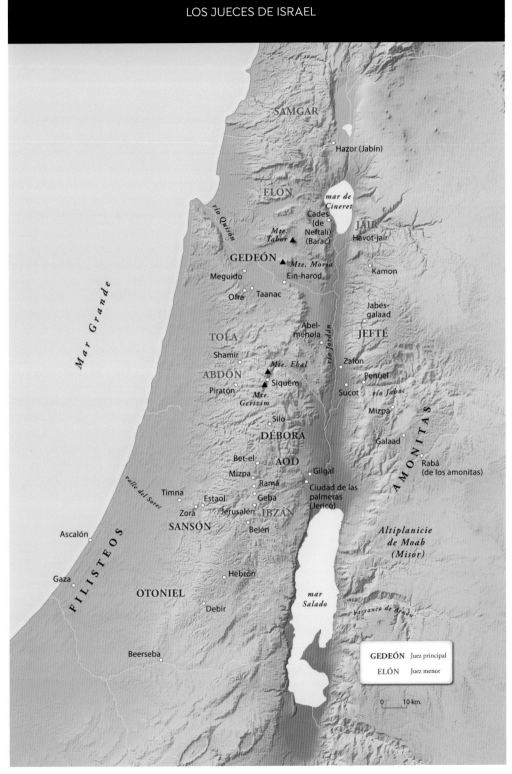

LOS JUECES DE ISRAEL

SAMGAR

Hazor (Jabín)

ELON

mar de Cineret

río Quisón

Cades (de Neftalí) (Barac)

Mte. Tabor ▲

JAIR

Havot-jair

GEDEÓN ▲ *Mte. Moria*

Meguido

Ein-harod

Kamon

Ofra

Taanac

Jabés-galaad

Abel-méhola

JEFTÉ

TOLA

río Jordán

Shamir

Zafón

Penuel

ABDÓN ▲ *Mte. Ebal*

Piratón ▲ Siquém

Sucot

río Jaboc

Mte. Gerizim

Mizpa

Silo

A M O N I T A S

DÉBORA

Galaad

Bet-el

AOD

Rabá (de los amonitas)

Mizpa

Gilgal

Timna

Ramá

Ciudad de las palmeras (Jericó)

Estaol

Geba

Zora

Jerusalén

IBZÁN

Altiplanicie de Moab (Misór)

Ascalón

F I L I S T E O S

SANSÓN

Belén

Gaza

Hebrón

OTONIEL

mar Salado

barranco de Arnón

Debir

Beerseba

Mar Grande

valle del Sorec

GEDEÓN	Juez principal
ELÓN	Juez menor

0 ____ 10 km.

Mahanaim junto al río Jaboc en el norte (mapa p. 57), y justo desde el oeste de Rabá (de los amonitas) hasta el río Jordán. Parece que Gad recibió todo el valle del Jordán al este del río (Jos. 13:27-28). Algunos clanes de la tribu de Manasés se asentaron al norte del Jaboc.

A través del resto de la historia del Antiguo Testamento estas tribus sintieron la presión constante de los moabitas, amonitas, madia- nitas, ismaelitas y los arameos de Damasco. A pesar de esas presiones, se mantuvo la pre- sencia israelita/judía en Transjordania durante el final del periodo bíblico y más tarde.

Las ciudades levíticas y las ciudades de refugio (Jos. 20 – 21)

Josué y Eleazar asignaron ciudades y sus pas- tos a los levitas (mapa p. 59). Estas 48 ciudades se asignaron a tres clanes levíticos, y aproxi- madamente se destinaron cuatro de ellas para cada una de las tribus. Así, en sus ciudades, re- partidos por todo Israel, probablemente por medio de sus actividades docentes los levitas extendían una influencia piadosa y la lealtad al linaje davídico. Muchos levitas se trasladaron al sur, a Judá y a Jerusalén, cuando Jeroboam I se rebeló contra el hijo de Salomón, Roboam (931 a. C.; 2 Cr. 11:13-17).

Se designaron seis ciudades como lugares a las que podía huir una persona acusada de homicidio. En ellas se juzgaría el caso (Jos. 20:4, 6), y si se consideraba un homicidio accidental, no un asesinato, se requería al homicida que se quedase en aquella ciudad hasta la muerte del sumo sacerdote (Nm. 35:9-34; Dt. 4:41-43; 19:1-14; Jos. 20:6). Tres de las ciudades estaban situadas al oeste del río Jordán, y tres al este.

EL PERIODO DE LOS JUECES

Al menos en teoría, la tierra que Dios había prometido a Abraham, Isaac y Jacob había sido asignada a sus descendientes. Pero los is- raelitas eran muy conscientes de que no toda la tierra había sido conquistada (mapa p. 59). La porción sudoriental se consideraba cana- nea, y más tarde sería filistea (Jos. 13:2-3; Jue. 3:3). El valle de Jezreel siguió en manos cana- neas y/o egipcias (Jue. 1:27-28), mientras que

la costa mediterránea al norte del monte Car- melo estaba bajo control de los sidonios (Jos. 13:4; Jue. 1:31-32; 3:3). Algunos enclaves extran- jeros conservaron su independencia, como la ciudad de Jebús (Jerusalén; Jos. 15:63; Jue. 1:21). La mayor parte de esas áreas cayó bajo control israelita en los tiempos de David y Sa- lomón (ver 1 R. 4:7-19).

El proceso de asentamiento israelita de- bió proceder de una manera bastante apa- cible, dado que se construyeron granjas, se desmontaron bosques, se edificaron banca- les y se plantaron cosechas (sobre todo uvas, aceitunas, higos, almendras y trigo). Además, la reciente invención de cisternas talladas en la roca y revocadas con yeso permitió a la gente asentarse en lugares lejanos de los manantiales. Durante este periodo Israel pudo permanecer en los montes, un tanto apartado de las amenazas de los faraones egipcios, a quienes les interesaba controlar las rutas internacionales.

En Egipto se descubrieron casi 400 tablillas cuneiformes en el-Amarna. La mayoría de las cartas son registros de correspondencia entre los numerosos gobernadores de ciudades-es- tado en Levante y el faraón de Egipto. Uno de los gobernantes más destacados fue Labayu de Siquem. Desde su base en el país de las colinas, hizo intentos en todas direcciones con el propósito de controlar las rutas comerciales que discurrían por el país, hostigando a otros dirigentes. Al final los enemigos de Labayu en Canaán le asesinaron, aunque sus hijos pronto siguieron sus pasos.

Durante el proceso de asentamiento, algu- nos israelitas empezaron a adorar a deidades paganas, incluyendo a Baal (responsable de la fertilidad de la tierra) y a su consorte Astoret (diosa de la guerra y de la fertilidad), y también a Asera. Como castigo por estos pecados, Yah- vé envió a extranjeros que oprimieran a los is- raelitas. Al final Israel clamó arrepentido, y Dios le envió "jueces" que librasen al pueblo de sus opresores e introdujesen periodos de "reposo". Este ciclo de caída en el pecado, castigo divi- no, arrepentimiento, liberación y reposo es la historia de Jueces (Jue. 2:10-19).

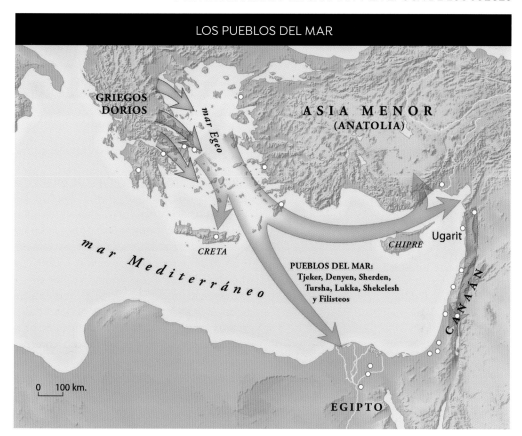

LOS PUEBLOS DEL MAR

Los jueces Otoniel y Aod (Jue. 3:7–30)

El primer juez importante fue Otoniel, que libró a los israelitas de manos de Cusan-risataim. No es seguro dónde estaba situado su territorio natal (Aram Naharaim).

Luego vino Aod, un benjaminita (Jue. 3:15). Eglón, el rey de Moab, junto con sus vecinos transjordanos, oprimió a Israel desde su sede central en "la ciudad de las palmeras" (Jericó, según 2 Cr. 28:15). Aod, tras presentar tributo a Eglón, lo mató y expulsó a los moabitas hasta el otro lado del Jordán. Como mínimo una porción del territorio disfrutó de "paz" durante ochenta años.

Aunque la Biblia no lo menciona, los egipcios estuvieron activos en Canaán al final del siglo XIV y durante el XIII a. C. Por ejemplo, Seti I sofocó una revuelta en el área de Bet-san y reafirmó el control egipcio en la zona. Su sucesor, Ramsés II (1279-1213 a. C.), luchó con los hititas en Cades junto al Orontes, en su quinto año. Mernepta (1213-1203 a. C.), sucesor de Ramsés II, no fue tan poderoso como su antepasado, pero su estela, entre otros objetos, menciona una victoria sobre Israel: "Israel es asolado, su simiente no está". Esta es la primera referencia extrabíblica a "Israel" en Canaán.

¿Por qué la Biblia no menciona esta actividad egipcia en Canaán durante esa época? Es muy probable que a los egipcios les interesasen las llanuras y los valles abiertos, por donde discurrían las rutas internacionales, mientras que los israelitas se esforzaban por hacerse un hueco en las zonas montañosas, más agrestes.

Débora y Barac (Jue. 4 – 5)

Durante la primera mitad del siglo XII a. C. los cananeos volvieron a imponerse en el norte de Israel. Dirigidos por Jabín, rey de Hazor, y su comandante Sísara, oprimieron el norte de Israel durante veinte años. Bajo el liderazgo de Barac y de la profetisa Débora, los israelitas reunieron sus fuerzas en las vertientes del monte Tabor, en el extremo noreste del valle de Jezreel (mapa p. 60), mientras los cananeos se acantonaban cerca de Meguido, en ese mismo valle. En las laderas boscosas del monte Tabor los israelitas estaban relativamente a salvo de las actividades de los 900 carros que comandaba Sísara (4:3-13).

Barac condujo a sus hombres montaña abajo para enfrentarse con los cananeos en la llanura. Debido a un repentino chaparrón y al desbordamiento del río Quisón, los carros cananeos no sirvieron de nada, e Israel obtuvo una resonante victoria. Sísara, huyendo de vuelta a Hazor, fue asesinado por la astuta Jael, que le atravesó la cabeza con una estaca de la tienda mientras el general dormía (4:18-21). La porción norte del territorio disfrutó de una paz relativa durante cuarenta años (5:31).

Gedeón (Jue. 6 – 8)

Después, los madianitas y sus aliados invadieron Israel a finales de primavera/principios de verano, confiscando las cosechas recién recogidas, y haciendo pastar a su ganado y sus camellos en los campos. Gedeón, de la tribu de Manasés y el pueblo de Ofra (mapa p. 60), que daba sobre el valle de Jezreel, respondió al llamado de Dios. Reuniendo a sus tropas en la fuente de Harod, Gedeón se preparó para la batalla reduciendo su ejército hasta 300 hombres elegidos. Dividiendo sus tropas en tres unidades, en un ataque nocturno sorprendió a los madianitas (cuyo campamento principal, sin duda, estaba en la vertiente norte de la colina de Moré, en Endor, Sal. 83:10). Los espantados madianitas huyeron en dirección sureste hacia el río Jordán.

Los efraimitas se unieron a la batalla haciéndose con el control de los vados del Jordán. Gedeón y sus tropas persiguieron a los madianitas hacia el este, pasando Sucot y Peniel (Jue. 8:8-9) y dirigiéndose río Jaboc arriba hasta Galaad, y los derrotaron.

Jefté (Jue. 10:6 – 12:7)

Al principio del siglo XI a. C., los israelitas estaban presionados en el este por los amonitas, sobre todo en Galaad (mapa p. 60). La disputa principal se centraba en el control de la meseta de Moab y del sur de Galaad. Los ancianos de Galaad eligieron a Jefté para comandar sus tropas. La batalla con los amonitas tuvo lugar, probablemente, al sur de Mizpa de Galaad (11:29-33), y los amonitas fueron totalmente derrotados.

Sansón (Jue. 13 – 16)

En torno al 1200 a. C., un grupo de tribus, conocidas colectivamente como "los pueblos del mar", se abrieron camino por el territorio del Mediterráneo oriental. Una de las tribus, los filisteos, se asentó en la costa sur de Canaán en ciudades como Gaza, Ascalón, Asdod, Gat y Ecrón. Su adopción temprana de nueva tecnología para forjar metales les dio una ventaja militar, y pronto asimilaron rasgos esenciales de la cultura cananea, incluyendo su religión (deidades cananeas como Dagón, Astoret y Baal-zebub), su alfarería y seguramente una lengua semítica.

Durante la primera mitad del siglo XI a. C. los filisteos empezaron a ejercer presión sobre los israelitas. El entorno natural para este conflicto era la zona de amortiguación entre ellos, la Sefela. Allí, en el valle del Sorec, el juez nazareo Sansón se alzó para enfrentarse a la amenaza (mapa p. 60). Su primer contacto se produjo cuando se casó con una mujer filistea que vivía en Timna, situada en el valle del Sorec. Más tarde, como marido ultrajado, quemó los campos de grano, las viñas y los olivares que los filisteos cultivaban en el valle. Aunque sus actividades le habían llevado a Ascalón (14:19), y al final le conducirían a Gaza y a Hebrón (16:1-3), lo que condujo a Sansón a una muerte heroica pero trágica en Gaza fue su relación con "una mujer en el valle de Sorec, la cual se llamaba Dalila" (16:4-31).

Con la muerte de Sansón, el último de los héroes de los jueces sale de escena. Sin embargo, incluso al final de este periodo en el país aún quedaban grandes remanentes de población no israelita. El rey Saúl ofreció protección frente a alguno de esos enemigos, pero fue el rey David quien al final los sometió.

LLEGADA Y ASENTAMIENTO DE LOS FILISTEOS

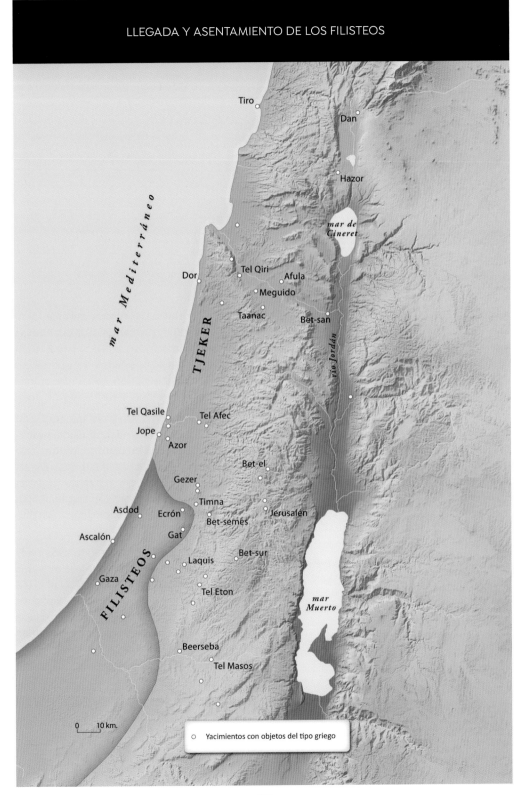

mar Mediterráneo

Tiro

Dan

Hazor

mar de Cineret

Dor

Tel Qiri

Afula

Meguido

Taanac

Bet-san

río Jordán

TJEKER

Tel Qasile

Tel Afec

Jope

Azor

Bet-el

Gezer

Timna

Jerusalén

Asdod

Ecrón

Bet-semes

Ascalón

Gat

Bet-sur

FILISTEOS

Laquis

Gaza

Tel Eton

mar Muerto

Beerseba

Tel Masos

0   10 km.

○   Yacimientos con objetos del tipo griego

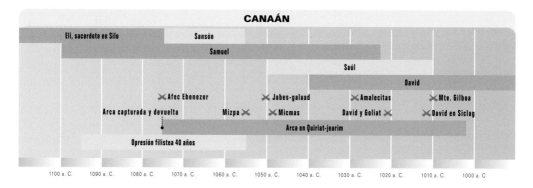

10 LA TRANSICIÓN A LA MONARQUÍA: SAMUEL Y SAÚL

Al principio del siglo XI, Samuel nació en una familia que vivía en Ramá. Durante su infancia actuó como ayudante del sumo sacerdote Elí en el tabernáculo de Silo (1 S. 3). Seguramente el tabernáculo estaba situado allí porque el terreno anfractuoso del país de las colinas de Efraín proporcionaba defensas topográficas naturales.

Cuando Samuel tenía aproximadamente 25 años, las fuerzas filisteas se reunieron en Afec para invadir el país de las colinas (1 S. 4:1). Para enfrentarse a esta amenaza, los israelitas montaron su campamento cerca de Ebenezer. Tras una derrota inicial, los israelitas pensaron que si el símbolo visible de la presencia de Dios (el arca) les acompañase a la batalla, saldrían victoriosos. Pero incluso después de que llevaran el arca de Silo a Ebenezer, los filisteos infligieron a los israelitas una derrota aplastante, ¡e incluso capturaron el arca sagrada! La evidencia arqueológica sugiere que en esta época fue destruido Silo.

Primero llevaron el arca a Asdod, poniéndola en el templo de Dagón. Pero la estatua de Dagón caía una y otra vez delante del arca, y se propagó una plaga en la ciudad, de modo que enviaron el arca a Gat (5:1-8). Allí estalló una plaga semejante, y transfirieron el arca problemática a Ecrón, donde también hubo una plaga. Ansiosos por librarse del arca, los filisteos la subieron a un carro tirado por bueyes, que la trasladaron valle arriba hasta Bet-semes. Poco después el arca fue transportada a Quiriat-jearim, una ciudad gabaonita, donde permaneció hasta que David la llevó a Jerusalén (2 S. 6).

Samuel vivía en Ramá, una ciudad estratégicamente situada en la importante encrucijada de la ruta conectora oeste-este (Gezer, Bet-horón, Ramá, Jericó) y la ruta de las cimas norte-sur. Sus obligaciones anuales le obligaban a hacer un circuito que iba de Ramá a Betel, Gilgal y Mizpa (1 S. 7:16).

Los filisteos siguieron acosando a los israelitas, y al final se produjo una batalla en algún punto del oeste de la meseta de Benjamín (1 S. 7). Dios intervino en ayuda de Israel, y el pueblo persiguió a los filisteos hacia el oeste, hacia la llanura costera. Israel recuperó territorio en las áreas de Ecrón y de Gat (vs. 11:14), pero la amenaza filistea solo se interrumpió unos pocos años.

Por diversos motivos, los ancianos de Israel pidieron a Samuel que nombrase a un rey para ellos. En este momento de la narrativa (1 S. 9), aparece Saúl de Benjamín. En su búsqueda de unos asnos perdidos en el país de las colinas de Efraín, Saúl acudió a Samuel en busca de ayuda. A su vez, Samuel le ungió en privado como rey (10:1). Poco después Israel se concentró en Mizpa, donde Saúl fue elegido rey echando suertes (vs. 17-27). Entonces Saúl regresó a su residencia en Gabaa (Tell el-Ful), a la que rebautizó como Gabaa de Saúl, y desde donde gobernó Israel.

Saúl pronto tuvo ocasión de manifestar sus cualidades de liderazgo cuando reunió huestes israelitas y judías con el objetivo de liberar a los habitantes de Jabes de Galaad, al otro lado del Jordán, de sus opresores amonitas (1 S. 11:1-13). Entonces Israel le confirmó como rey en el antiguo centro cultual de Gilgal (vs. 14-15).

Después, Saúl y su hijo Jonatán reunieron pequeños núcleos de soldados israelitas en Micmas y en Gabaa de Benjamín (1 S. 13:2). Lo más probable es que los filisteos controlasen el oeste de Benjamín por medio de guarniciones en Gabaa de Dios (10:5) y

SAMUEL, LOS FILISTEOS Y EL LLAMAMIENTO DE SAÚL

LAS BATALLAS DE SAÚL CONTRA LOS ENEMIGOS DE ISRAEL

en Geba/Gabaón (13:3). El hijo de Saúl, Jonatán, atajó por lo sano la amenaza filistea atacando su guarnición en Geba/Gabaón. Los filisteos se reagruparon y volvieron a entrar en el país de las colinas desde el norte, lo cual les llevó de vuelta a la meseta de Benjamín. Trajeron consigo carros, jinetes e infantería, y acamparon en Micmas (v. 5).

Después de reunir tropas en Gilgal, Saúl y Jonatán pasaron al país de las colinas. En Micmas, Jonatán y el portador de su armadura mataron a los guardias del campamento filisteo y los filisteos, aterrados, huyeron (1 S. 14:14-15). Saúl condujo al resto de las tropas israelitas a la batalla, y pudo expulsar a los filisteos del país de las colinas y de vuelta a la región de Ayalón (v. 31).

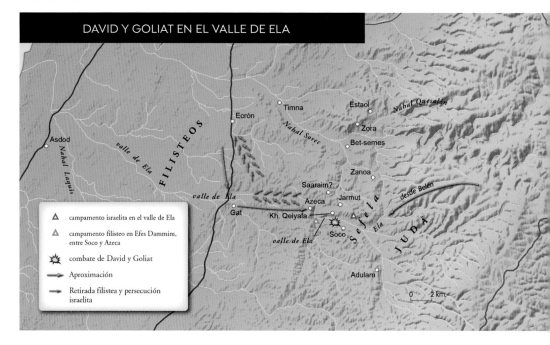

DAVID Y GOLIAT EN EL VALLE DE ELA

△ campamento israelita en el valle de Ela

△ campamento filisteo en Efes Dammim, entre Soco y Azeca

✸ combate de David y Goliat

➡ Aproximación

➡ Retirada filistea y persecución israelita

Tras una batalla contra los amalecitas, Samuel ungió a David (1 S. 16), quien empezó a servir en la corte de Saúl como músico. Los filisteos y los israelitas seguían luchando por el poder, pero ahora libraban sus batallas en la Sefela, una zona parachoques militar. Los filisteos se trasladaron al valle de Ela (1 S. 17). Los israelitas acamparon al norte del valle (vs. 2-3), seguramente al este del campamento filisteo.

Aquí, en el valle de Ela, David mató a Goliat. Enardecidas por el ejemplo de David, las tropas de Saúl atacaron con éxito a los filisteos, quienes huyeron a la seguridad de Gat y Ecrón

▲ Valle de Ela desde Kh. Qeiyala, mirando hacia el oeste, con Azeca a la izquierda (sur) de la imagen. David se enfrentó a Goliat cerca de aquí (1 S. 17).

© *Atlas Esencial de la Biblia CLIE*

(v. 52). Tras la sorprendente victoria, 1 Samuel 18 – 21 describe la creciente popularidad de David y los celos de Saúl, cada vez mayores. Estos capítulos contienen descripciones de las veces que David escapó de Saúl por un pelo, la mayoría de las cuales se produjeron en el área de Benjamín. Al final David huyó de la corte de Saúl pero fue perseguido a través de Judá (1 S. 22 – 26); uno de los lugares destacados fue En-gadi, en las orillas del mar Muerto.

David debió darse cuenta de que o tenía que matar a Saúl en defensa propia o perder la vida a sus manos. Para evitarlo, buscó asilo de nuevo con Aquis, el rey de Gat. A estas alturas Aquis era muy consciente de que David era un auténtico enemigo del rey israelita. Aquis, planeando utilizar las tropas de David y su experiencia militar, le destinó a Siclag. Allí, en la frontera sur, David fue asignado a proteger a Aquis de los saqueadores del sur.

De hecho, David organizó ataques relámpago contra los gesuritas, los gezritas y los amalecitas, habitantes todos de la zona al norte de Sinaí, entre Siclag y Shur (1 S. 27:8). Sin dejar supervivientes, David pudo perpetrar un engaño diciendo a Aquis, que vivía en Gat, que había hecho incursiones en el Néguev de

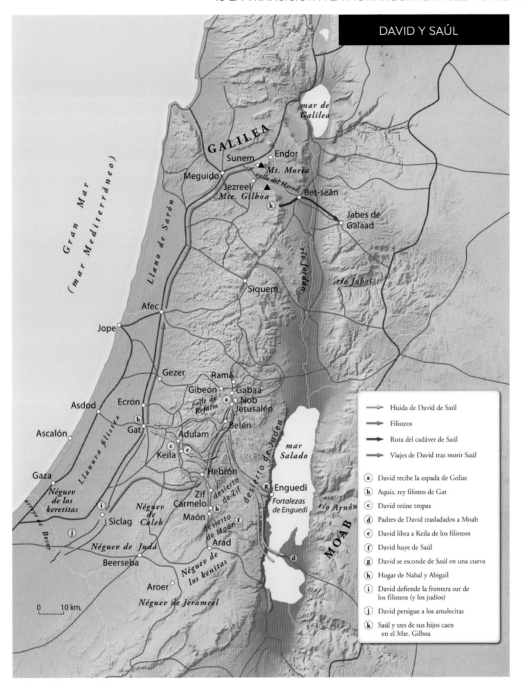

DAVID Y SAÚL

Leyenda del mapa:
- → Huida de David de Saúl
- → Filisteos
- → Ruta del cadáver de Saúl
- → Viajes de David tras morir Saúl

- (a) David recibe la espada de Goliat
- (b) Aquis, rey filisteo de Gat
- (c) David reúne tropas
- (d) Padres de David trasladados a Moab
- (e) David libra a Keila de los filisteos
- (f) David huye de Saúl
- (g) David se esconde de Saúl en una cueva
- (h) Hogar de Nabal y Abigail
- (i) David defiende la frontera sur de los filisteos (y los judíos)
- (j) David persigue a los amalecitas
- (k) Saúl y tres de sus hijos caen en el Mte. Gilboa

Judá, el Néguev de Jerameel y el Néguev de los ceneos (27:10). De esta manera, David indujo a Aquis a creer que la hostilidad judía contra David iba en aumento, cuando en realidad lo que crecía era la admiración de los moradores de Judea por él, ¡porque los estaba defendiendo de esas bandas del desierto!

Después de que David sirviera dieciséis meses en Siclag (1 S. 27:7) se empezó a gestar la confrontación definitiva entre Saúl y los filisteos, aunque no estamos exactamente seguros de cómo. En cualquier caso, los filisteos reunieron sus fuerzas en Afec (mapa p. 67), y desde allá marcharon más hacia el

▲ Oasis en En-gedi, en la costa occidental del mar Muerto. Aquí David se escondió de Saúl (1 S. 24).

▲ David trabajó para los filisteos en esta zona del Néguev occidental/barranco de Besor (1 S. 27:30). La tierra ligera es légamo (loess).

norte, montando el campamento frente a Israel, en la pendiente sur del monte Moré, en Sunem, en la región de los valles de Jezreel y Harod.

Allí los israelitas libraron una batalla a vida o muerte con los filisteos. Algunos de los israelitas huyeron por el monte Gilboa, con la esperanza de que la montaña les ofreciese protección frente a los carros filisteos que los perseguían. Allí, en el monte Gilboa, murieron Saúl y Jonatán (1 S. 31). Tras el sepelio de Saúl y Jonatán a cargo de los hombres de Jabes de Galaad, concluyó el periodo de transición entre el periodo de los jueces y el de la monarquía. Al cabo de pocos años, la idea de una monarquía dinástica se afirmaría sólidamente, al menos en la mente de los judíos.

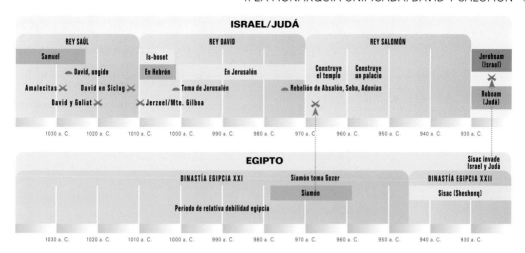

ISRAEL/JUDÁ

REY SAÚL	**REY DAVID**	**REY SALOMÓN**		
Samuel	Is-boset			Jeroboam (Israel)
David, ungido	En Hebrón	Construye el templo	Construye un palacio	
Amalecitas ✕ David en Siclag ✕	Toma de Jerusalén	Rebelión de Absalón, Seba, Adonías		Roboam (Judá)
David y Goliat ✕	✕ Jerzeel/Mte. Gilboa	✕		

1030 a. C. 1020 a. C. 1010 a. C. 1000 a. C. 990 a. C. 980 a. C. 970 a. C. 960 a. C. 950 a. C. 940 a. C. 930 a. C.

EGIPTO

			Sisac invade Israel y Judá
DINASTÍA EGIPCIA XXI	Siamón toma Gezer	**DINASTÍA EGIPCIA XXII**	
	Siamón	Sisac (Sheshonq)	
Periodo de relativa debilidad egipcia			

1030 a. C. 1020 a. C. 1010 a. C. 1000 a. C. 990 a. C. 980 a. C. 970 a. C. 960 a. C. 950 a. C. 940 a. C. 930 a. C.

11 | LA MONARQUÍA UNIFICADA: DAVID Y SALOMÓN

DAVID COMO REY

Tras la muerte de Saúl uno de sus hijos supervivientes, Is-boset, fue coronado rey (2 S. 2:9), y gobernó desde la ciudad transjordana de Mahanaim. David se fue a Hebrón, donde fue coronado rey de Judá (2:1-7, 11). Después de que Is-boset fuera asesinado dos años más tarde (4:1-12), los ancianos de Israel vinieron a David en Hebrón, hicieron pacto con él y le ungieron como rey de toda Israel (5:1-3).

Los filisteos sabían que un Israel unificado suponía una grave amenaza para su control del país. Reaccionaron intentando dividir el país en dos partes, en dos ocasiones, y estableciéndose en el país de las colinas, en el valle de Refaim, al suroeste de Jerusalén, pero David los expulsó de nuevo a las llanuras costeras (2 S. 5:17-25; 1 Cr. 14:8-17).

Después de reinar en Hebrón durante siete años, David capturó Jebús (Jerusalén; 2 S. 5:6-10). David convirtió esta ciudad no israelita en su posesión personal y la de sus descendientes, de modo que ni Judá ni Israel pudieran

▼ Fuente de Gihón: cámara del manantial, principal suministrador de agua para Jerusalén.

reclamarla. También trajo el arca del pacto a Jerusalén (2 S. 6; 1 Cr. 13), de modo que Jerusalén se convirtió en el centro religioso además de político. Desde el punto de vista defensivo, su localización montañosa significa que todo enemigo que quisiera atacar Jerusalén tenía que realizar el difícil ascenso desde la llanura costera. Además, su topografía local la volvía fácilmente defendible al oeste, al sur y al este.

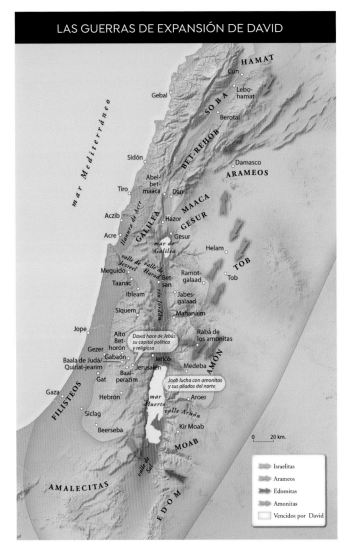

LAS GUERRAS DE EXPANSIÓN DE DAVID

Los arameos se reagruparon en Elam, pero David y sus tropas ganaron la batalla (2 S. 10:15-19). Entonces las fuerzas israelitas volvieron a Rabá para acabar decisivamente con los amonitas. Durante el asedio de Rabá, David estaba de vuelta en Jerusalén, teniendo su relación adúltera con Betsabé (2 S. 11). Después de que David se arrepintiera de sus pecados (12:1-24), Rabá fue conquistada (12:26-31).

Por último, el ejército de David derrotó a los edomitas en el valle de la Sal (2 S. 8:13-14; 1 Cr. 18:12-13). Hadad, del linaje real edomita, huyó a Egipto pasando por Madián y Parán, y más tarde regresó para dirigir a su pueblo en una revuelta contra Salomón (1 R. 11:14-22).

Ahora David controlaba muchos de los estados vecinos. En el lejano norte, el rey de Hamat reconoció la supremacía de David al enviar a su hijo a Jerusalén con "regalos" de plata, oro y bronce. Las principales áreas arameas cayeron bajo control israelita; incluso situaron un destacamento en Damasco (2 S. 8:5-6; 1 Cr. 18:5-6). Talmai, rey de Gesur, formó una alianza con David y la selló mediante el matrimonio de su hija con el rey; el fruto de su unión fue Absalón (2 S. 3:3). Absalón huyó allí tras matar a su medio-hermano Amnón, que había violado a la hermana de Absalón, Tamar (13:37-39).

David consolidó su reino internamente haciéndose con el control de los antiguos centros cananeos situados en los valles de Jezreel y Harod: Meguido, Taanac, Ibleam y Bet-seán (Jue. 1:21-35). Al suroeste sometió a los filisteos (1 Cr. 18:1).

La primera guerra de David en la región transjordana fue contra los amonitas, quienes contrataron a tropas arameas del norte para que les ayudasen (1 Cr. 19:6-7). Joab y su hermano Abisai expulsaron a las tropas arameas y amonitas (2 S. 10:6-14; 1 Cr. 19:6-15), e Israel aseguró su ventaja al conquistar el territorio de Moab (2 S. 8:2; 1 Cr. 18:2).

Aunque no se nos indican las fronteras precisas del imperio de David, parece haber controlado el norte del Sinaí hasta llegar al delta oriental del Nilo (ver 1 Cr. 13:5), y el norte lejano, hasta Lebo-hamat. De hecho, ahora los israelitas dominaban la mayor parte de la tierra de Canaán que les fue prometida como heren-

© **Atlas** *Esencial de la Biblia* CLIE

cia 400 años antes (Nm. 34; mapa p. 47). En los tiempos de David se fijaron firmemente los límites tradicionales "desde Dan hasta Beerseba" (2 S. 24:2).

Hacia finales del reinado de David se agudizó la cuestión de su sucesión. Su hijo mayor vivo, Absalón, decidió hacer las cosas por su cuenta (2 S. 14 – 19). Después de haber sido proclamado rey en Hebrón, Absalón, junto con sus seguidores, se dirigió al norte, a Jerusalén. David y sus seguidores huyeron hacia el este desde esa ciudad, cruzaron el Jordán y hallaron refugio en Mahanaim. En el "bosque de Efraín" (18:6) Joab derrotó y mató a Absalón.

Tras la vuelta de David a Jerusalén tuvo que enfrentarse a una segunda revuelta, esta dirigida por Seba (2 S. 20:1-22). Como era habitual, fue Joab quien solucionó decisivamente el problema, persiguiendo a Seba hasta la ciudad israelita norteña de Abel-bet-maaca, donde lo mató.

Cuando David era anciano, su hijo mayor (aparentemente), Adonías, decidió asegurarse la corona (1 R. 1:5-27). Con la ayuda de Joab, comandante del ejército, y del sacerdote Abiatar, reunió a muchos de los notables del reino cerca de la fuente de Rogel, un pequeño manantial situado en el valle de Cedrón, justo al sur de Jerusalén (vs. 5-10). Al escuchar esto, el profeta Natán y Betsabé se presentaron ante David para confirmar a Salomón como rey, y lo hicieron en la fuente de Gihón (vs. 11-48). Tras la muerte de David, Salomón heredó el reino.

SALOMÓN COMO REY

La mayor parte del reinado de Salomón se invirtió en proyectos arquitectónicos y en empresas comerciales. Al menos durante una parte de esa época el reino de Salomón se

▲ Et-Tell: puerta de la Edad del Hierro en Et-Tell, al noreste del mar de Galilea. Se trata posiblemente de Gesur, de donde procedía Absalón. Fijémonos en el centro de culto a la derecha de la entrada (escalera, lavatorio y monolito).

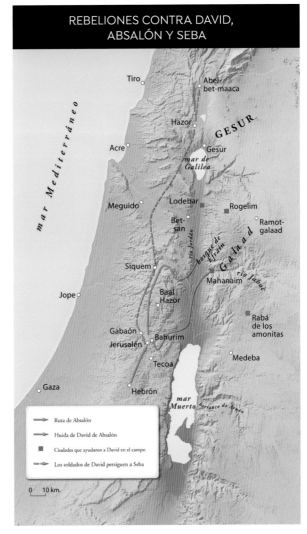

REBELIONES CONTRA DAVID, ABSALÓN Y SEBA

Ruta de Absalón

Huida de David de Absalón

Ciudades que ayudaron a David en el campo

Los soldados de David persiguen a Seba

0   10 km.

LÍMITES DE ISRAEL EN LOS QUE JOAB HIZO UN CENSO PARA DAVID

Ijón

Tiro

Dan

MAACA

Hazor

Gesur

GESUR

Acre

mar de Galilea

Meguido

río Yarmuk

Bet-san

río Jordán

Galaad

Siquem

río Jaboc

Jope

Afec

Gezer

Jazer

Jerusalén

GAD

Gaza

mar Muerto

Hebron

Aroer

barranco de Arnón

Néguev de Judá

mar Mediterráneo

Llano de Sarón

FILISTEOS

Sefela

▲ Gezer: puerta de seis cámaras en Gezer, asociada seguramente con el programa arquitectónico de Salomón (1 R. 9:5). Vista desde el interior de la ciudad hacia fuera; fijémonos en el canal de desagüe en el centro de la puerta por la que pasaba la calzada.

▼ Hazor: doble muro (casamata) conectado con la puerta de seis cámaras (salomónica).

extendió desde Tipsa en el río Éufrates, en el noreste, hasta la frontera de Egipto en el suroeste (1 R. 4:21-24; 2 Cr. 9:26; mapa p. 74). Salomón también procuró solidificar su control de las rutas comerciales que pasaban por Israel. Junto al principal camino internacional fortificó las ciudades estratégicas de Hazor, Meguido y Gezer (1 R. 9:15). Gezer tenía una importancia especial, porque protegía la carretera que llevaba a Jerusalén desde occidente. También construyó una serie de más de cuarenta fuertes, repartidos por todo el Néguev.

A principios de su reinado, Salomón controlaba los estados transjordanos de Amón, Moab y Edom, porque su matrimonio con mujeres de esos países selló alianzas con sus familias dirigentes (1 R. 11:1; cfr. 3:1). Durante un tiempo Salomón tuvo el control de Galaad e incluso de Damasco. Así, controlaba todas las rutas principales que pasaban por el sur de Levante; al proporcionar alimentos, agua y protección a las caravanas que pasaban, y al cobrarles peaje, se hizo muy rico. Salomón recibía ingresos de mercaderes y comerciantes, además de otros de los reyes de Arabia y de los gobernadores de la tierra (2 Cr. 9:14). También recibió la visita de la reina de Saba, quien acudió llevándole presentes.

Casi la mitad del reinado de Salomón estuvo centrado en sus dos grandes proyectos arquitectónicos en Jerusalén. El templo, comenzado en el cuarto año de su reinado

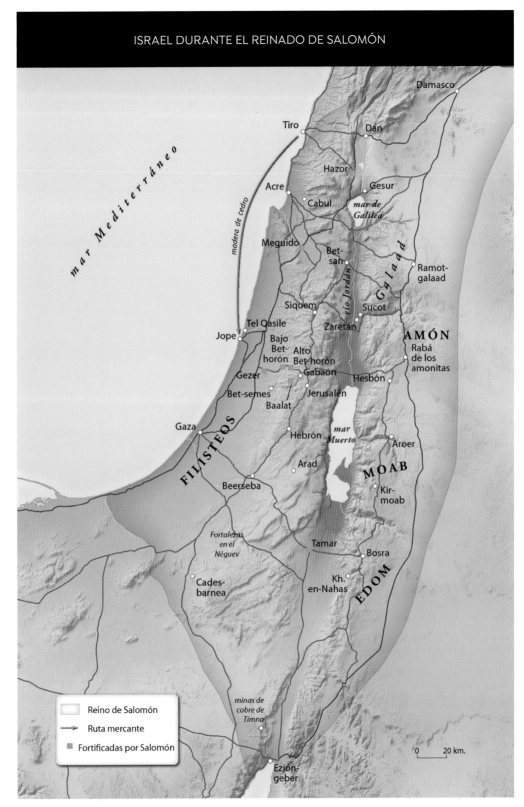

ISRAEL DURANTE EL REINADO DE SALOMÓN

mar Mediterráneo

Damasco

Tiro

Dan

Hazor

Acre

Gesur

Cabul

mar de Galilea

madera de cedro

Meguido

Bet-san

Ramot-galaad

Galaad

río Jordán

Siquem

Sucot

Zaretán

AMÓN

Tel Qasile

Rabá de los amonitas

Jope

Bajo Bet-horón

Alto Bet-horón

Gabaón

Hesbón

Gezer

Jerusalén

Bet-semes

Baalat

Gaza

Hebrón

mar Muerto

Aroer

FILISTEOS

Arad

MOAB

Beerseba

Kir-moab

Fortalezas en el Néguev

Tamar

Bosra

Cades-barnea

Kh. en-Nahas

EDOM

☐ Reino de Salomón

→ Ruta mercante

■ Fortificadas por Salomón

minas de cobre de Timna

0   20 km.

Ezjón-geber

75

EL REINO DE SALOMÓN Y PRINCIPALES RUTAS COMERCIALES

KUE

Carquemis

Harán

Nínive

Ain Dara

Tipsa

E L I S E O

Hamat

Arvad

Tadmor

río Éufrates

río Tigris

Biblos

Lebo-hamat

m a r G r a n d e

Damasco

A R A M

Tiro

Hazor

Babilonia

Meguido

Jope

Gezer

Gaza

Jerusalén

Duma

Menfis

Ezión-
geber

E G I P T O

Tema

río Nilo

A R A B I A

mar Rojo

A Saba

Esfera de influencia de Salomón

Principales rutas comerciales

Rutas comerciales fluviales

0   100 km.

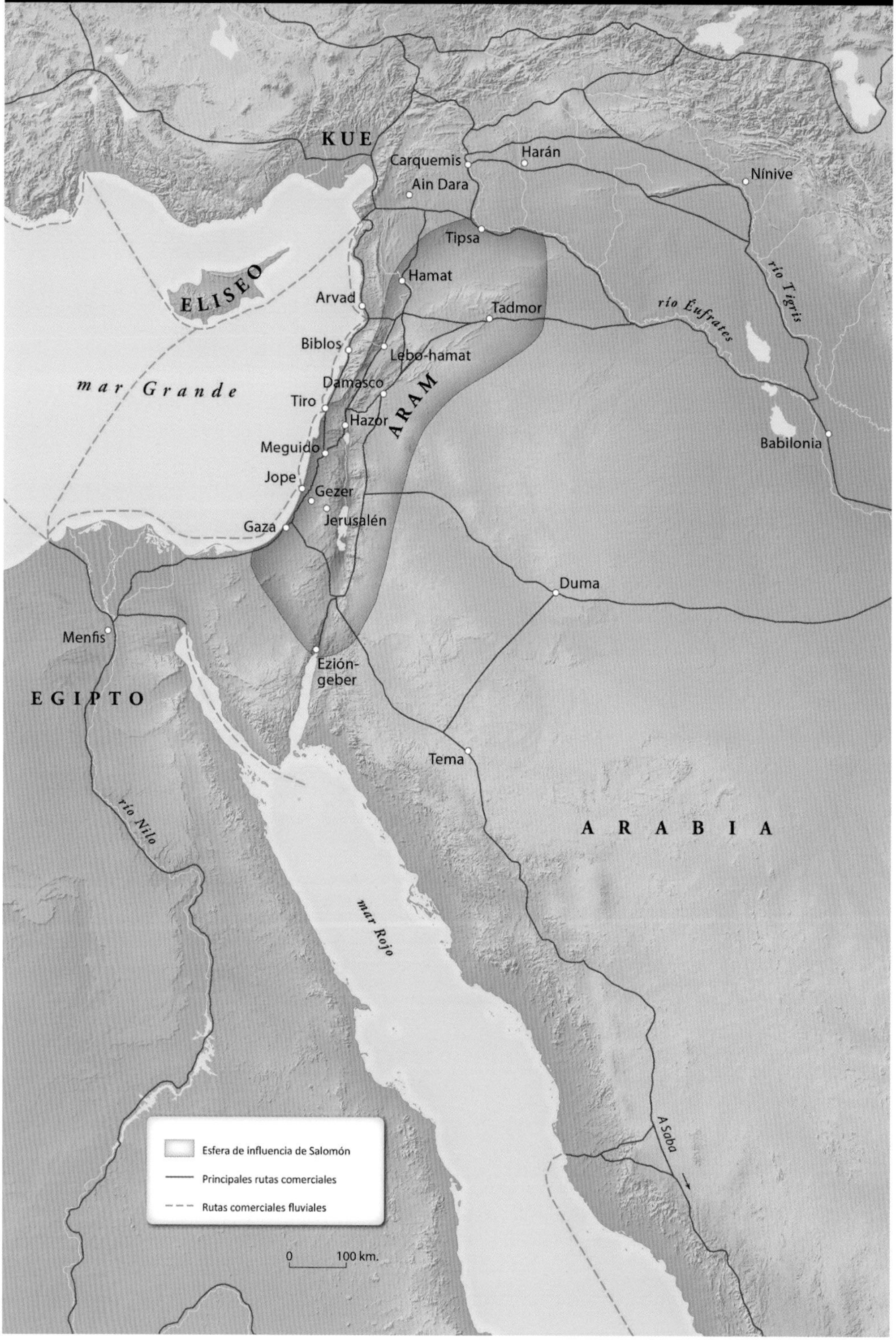

© **Atlas** *Esencial de la Biblia* **CLIE**

(966 a. C.), estuvo en construcción siete años, y su palacio trece. La caliza utilizada en los dos edificios se extrajo de las colinas de Judea. La madera (de cedro escogido y troncos de pino) la proporcionó Hiram de Tiro. Después de talarlos en los montes del Líbano, los troncos bajaban flotando por el Mediterráneo hasta Jope (1 R. 5:1-12; 2 Cr. 2:3-16); desde allí los transportaban a Jerusalén, seguramente por el camino entre Gezer y Bet-horón. Los israelitas recordaban la era salomónica como una época en la que en la capital abundaban el oro, la plata y el cedro (1 R. 10:14-27; 2 Cr. 1:15; 9:13-24).

Sin embargo, a pesar de toda esa riqueza, parece ser que Salomón tuvo que recurrir a un sistema de impuestos aplicados a sus súbditos para mantener su enorme corte y su lujoso estilo de vida. Dividió todo el Israel situado al norte de Jerusalén en doce distritos administrativos. Evidentemente, Judá, la tribu de la que procedían David y Salomón, estaba exenta de esta carga, y los rencores originados por esta situación alimentaron probablemente el deseo de independencia del norte. Cada distrito tenía que proporcionar alimentos para el rey y su casa durante un mes al año (1 R. 4:7, 22-23, 27-28).

Lentamente, el imperio empezó a mostrar señales de debilidad. Por ejemplo, Hiram de Tiro proporcionó a Salomón madera y oro (1 R. 9:11-14), mano de obra (5:18; 7:13-14) y barcos y tripulantes para las empresas marítimas en el mar Rojo (9:27-28). A cambio de ello, Salomón daba a Hiram productos agrícolas (5:11). Pero Salomón también dio a Hiram veinte ciudades de la tribu de Aser en la zona de las llanuras de Acre (9:11-14), seguramente debido a una deuda impagada.

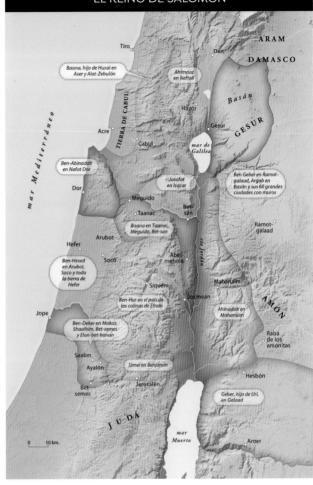

LAS DOCE DIVISIONES ADMINISTRATIVAS EN EL REINO DE SALOMÓN

Hacia el final de su reinado, algunos líderes de las tribus norteñas se disgustaron con él, como se evidencia en la rebelión de Jeroboam contra Salomón (1 R. 11:26-40). Externamente, Hadad el edomita se convirtió en el adversario de Salomón al sudeste (vs. 14-22), mientras que al noreste Rezón de Damasco se convirtió en líder de rebeldes en esa ciudad (vs. 23-25). Salomón también empezó a adorar a algunas de las deidades extranjeras que había introducido en Jerusalén en deferencia a sus mujeres (vs. 1-8). No es de extrañar que el reino se viniese abajo casi inmediatamente después de la muerte de Salomón.

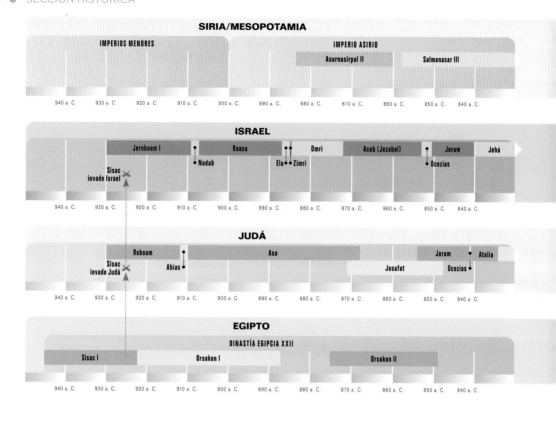

SIRIA/MESOPOTAMIA

IMPERIOS MENORES						IMPERIO ASIRIO				
						Asurnasirpal II		Salmanasar III		

940 a. C.　930 a. C.　920 a. C.　910 a. C.　900 a. C.　890 a. C.　880 a. C.　870 a. C.　860 a. C.　850 a. C.　840 a. C.

ISRAEL

Jeroboam I　Baasa　Omri　Acab (Jezabel)　Joram　Jehú

Nadab　Ela · Zimri　Ocozías

Sisac invade Israel

940 a. C.　930 a. C.　920 a. C.　910 a. C.　900 a. C.　890 a. C.　880 a. C.　870 a. C.　860 a. C.　850 a. C.　840 a. C.

JUDÁ

Roboam　Asa　Joram　Atalia

Sisac invade Judá　Abías　Josafat　Ocozías

940 a. C.　930 a. C.　920 a. C.　910 a. C.　900 a. C.　890 a. C.　880 a. C.　870 a. C.　860 a. C.　850 a. C.　840 a. C.

EGIPTO

DINASTÍA EGIPCIA XXII

Sisac I　Orsokon I　Orsokon II

940 a. C.　930 a. C.　920 a. C.　910 a. C.　900 a. C.　890 a. C.　880 a. C.　870 a. C.　860 a. C.　850 a. C.　840 a. C.

12 EL REINO DIVIDIDO

Tras la muerte de Salomón, su hijo y sucesor, Roboam, viajó al norte, al centro tribal israelita de Siquem, para asegurarse la lealtad permanente de las tribus norteñas (1 R. 12:1-19; 2 Cr. 10:1-19). Pero cuando estas últimas le pidieron que les aliviase la carga de los impuestos, la respuesta de Roboam fue que la aumentaría. En este punto, las tribus del norte rechazaron la dinastía davídica y nombraron a Jeroboam como su primer rey. Roboam huyó a Jerusalén para salvar la vida; así comenzó el periodo del reino dividido (930-722 a. C.).

Jeroboam puso centros de adoración en Dan y Bet-el (1 R. 12:26-33), situados en ambos extremos de su país. En Bet-el procuró "desviar" a los fieles que se dirigían al templo de Jerusalén. En esa época muchos levitas abandonaron sus ciudades en el norte de Israel y se trasladaron a Judá (2 Cr. 11:13-14).

El faraón egipcio Sisac, percibiendo la debilidad del reino dividido, hizo planes para invadir tanto Judá como Israel. En respuesta a ello, Roboam construyó quince fortalezas en Judá (2 Cr. 11:5-12) para protegerse de ataques. Estos fuertes estaban situados en la Sefela, el sur del país de las colinas, y junto al borde del desierto de Judea; así, al cabo de cinco años de la muerte de Salomón, el "imperio" de su hijo ¡estaba confinado al país de las colinas de Judá!

La Biblia describe brevemente cómo Sisac invadió Judá (1 R. 14:25-31; 2 Cr. 12:1-11), pero su propia inscripción lo documenta más plena-

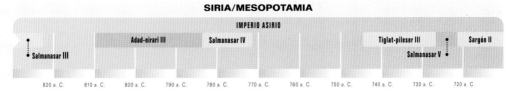

SIRIA/MESOPOTAMIA

IMPERIO ASIRIO									
	Adad-nirari III			**Salmanasar IV**				**Tiglat-pileser III**		**Sargón II**
● Salmanasar III									Salmanasar V ●
820 a. C.	810 a. C.	800 a. C.	790 a. C.	780 a. C.	770 a. C.	760 a. C.	750 a. C.	740 a. C.	730 a. C.	720 a. C.

ISRAEL

Jehú		Joacaz			Jeroboam II			Peca	Oseas	Caída de Samaria
			Joás			Zacarías ●	Menahem			
						Salum ●	Pecaías ●			
820 a. C.	810 a. C.	800 a. C.	790 a. C.	780 a. C.	770 a. C.	760 a. C.	750 a. C.	740 a. C.	730 a. C.	720 a. C.

JUDÁ

Joás			Amazías				Jotam		Ezequías
			Azarías (Uzías)					Acaz	
820 a. C.	810 a. C.	800 a. C.	790 a. C.	780 a. C.	770 a. C.	760 a. C.	750 a. C.	740 a. C.	730 a. C.	720 a. C.

EGIPTO

DINASTÍA EGIPCIA XXII									Sabaco ● · · · · ●
820 a. C.	810 a. C.	800 a. C.	790 a. C.	780 a. C.	770 a. C.	760 a. C.	750 a. C.	740 a. C.	730 a. C.	720 a. C.

mente. La invasión tuvo lugar durante el quinto año de Roboam (925 a. C.), y en una sección de su inscripción describe la conquista en el país de las colinas desde Jerusalén hasta el valle de Jezreel. La segunda sección de la inscripción de Sisac describe su conquista de unos 85 asentamientos en el Néguev. Así, el control de las principales rutas comerciales que atravesaban Israel se escapó de manos israelitas y judías y fue a parar a los egipcios.

▼ Dan: podio (parcialmente reconstruido) donde se sentaba el rey sobre su trono, en la entrada a la puerta de la ciudad.

▼ Dan: lugar alto de adoración. Originariamente, Jeroboam puso "becerros de oro" en Bet-el y en Dan (1 R. 12:28-30).

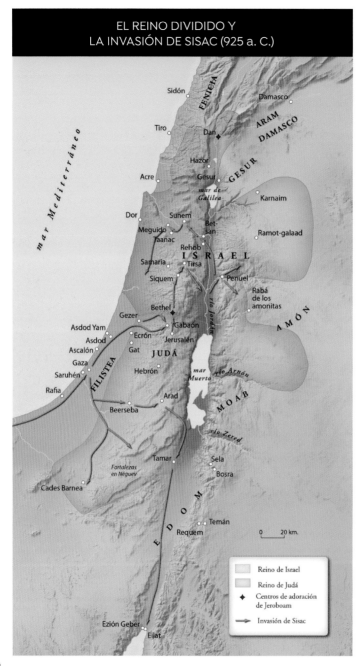

EL REINO DIVIDIDO Y
LA INVASIÓN DE SISAC (925 a. C.)

Reino de Israel
Reino de Judá
Centros de adoración de Jeroboam
Invasión de Sisac

0   20 km.

ló a Ben-adad, rey de Aram y residente en Damasco, quien abrió un frente norteño contra Israel (1 R. 15:16-22; 2 Cr. 16:1-6). Así, Baasa tuvo que abandonar sus planes de expansión en el sur, y Asa desplazó su frontera común hacia el norte. La frontera resultante, que dejaba Bet-el en Israel y Mizpa y Geba en Judá, formó la frontera tradicional entre los reinos del norte y del sur.

El reino del norte se caracterizó por la inestabilidad. Sus 19 reyes provinieron de 19 familias distintas, y todos ellos fueron asesinados o se suicidaron. Esta inestabilidad queda también ilustrada por el hecho de que Israel tuvo cuatro capitales (mapa p. 82). Al principio se eligió Siquem debido a su larga historia como centro tribal y religioso. De allí la capital se trasladó a Penuel, y luego a Tirsa. Más adelante, el rey Omri compró la colina de Semer y construyó en ella una nueva capital, Samaria (1 R. 16:23-24).

Samaria estaba situada más cerca de la llanura costera y abierta a las influencias externas. Ciertamente, el tratado de Israel con el rey de los sidonios indica su orientación hacia el exterior. El matrimonio de Acab y Jezabel (sidonia) cimentó esta alianza. El hecho de que Acab construyera un templo y un altar en Samaria para el dios de Jezabel, Baal, indica que las influencias externas sobre el reino del norte también eran religiosas (1 R. 16:31-33).

Tuvieron que pasar unos veinte años hasta que Israel y Judá resolvieran la disputa sobre sus fronteras. El hijo de Roboam, Abías, invadió Israel y capturó Bet-el, Jesana y Efraín (2 Cr. 13:2-20). El rey del norte Baasa respondió desplazando la frontera al sur, hasta Ramá. A su vez, el rey judío Asa sintió que necesitaba ayuda para contener esa amenaza israelita, y ape-

Pero las relaciones de Israel con los arameos de Damasco se deterioraron. Uno de los motivos fue que Israel controlaba ciudades como Dan, Ijón, Abel-bet-maaca y Hazor, que estaban junto a la ruta caravanera este-oeste desde Damasco al Mediterráneo (mapa p. 82). Aparte de esto, Israel controlaba la lucrativa ruta del incienso, norte-sur, junto al camino real en Cisjordania, y la ruta que iba de Ramot Galaad al puerto de Acre. De hecho, era Israel y no Damasco quien cobraba los aranceles de tránsito de las caravanas. Se produjeron como mínimo trece batallas entre israelitas y arameos, algunas de ellas cerca de la ciudad estratégica de Ramot Galaad.

▲ Karnak, Egipto: Sisac vence a sus enemigos (inferior derecha), que ruegan clemencia. En la esquina inferior izquierda se ven los cartuchos de enemigos/ciudades capturados (1 R. 14:25-28).

Hubo algunas ocasiones en que los arameos aprovecharon su ventaja para llegar hasta las puertas de Samaria, pero todas las veces fueron expulsados a las tierras al este del río Jordán. Pero al final fue necesario que Israel y Aram se unieran a otras naciones del Levante para enfrentarse a la creciente amenaza asiria dirigida por Salmanasar III. Esta coalición se enfrentó en batalla con él en Qarqar, junto al Orontes, en 853 a. C., donde durante un tiempo neutralizaron la amenaza de Asiria (mapa p. 84).

Pero poco después de la batalla de Qarqar, Ben-adad y Acab volvieron a luchar entre sí; Acab murió en la batalla de Ramot Galaad (1 R. 22:29-37; 2 Cr. 18:28-34). Con su muerte, Moab,

DISPUTA FRONTERIZA ENTRE EL NORTE Y EL SUR

EL REINO DEL NORTE: ISRAEL (930-722 a. C.)

✦ Centros de adoración construidos por Jeroboam

★ Centros monárquicos en Israel

⇩ Puertos comerciales importantes del Mediterráneo

— Rutas internacionales

— Rutas locales o regionales

FENICIOS

ARAMEOS

Sidón

Damasco

Tiro

Ijón

Dan

Abel-bet-maaca

Cadesh

Irón

Hazor

Acre

Cineret

mar de Galilea

Karnaim

Hanatón

Astarot

Afec

río Yarmuk

Dor

Israel

Edrei

Meguido

Jezreel

Lodebar

Ramot-galaad

Aruna

Taanac

Bet-san

Ibleam

Rehob

Jabes-galaad

Campo de batalla frecuente para los arameos de Damasco e Israel para controlar la ruta comercial

Soco

río Jordán

Zafón

Tirsa

Samaria

Sucot

Penuel

Siquem

Mahanaim

I S R A E L

Jope

Afec

Adam

río Jaboc

Bet-horón

Bet-el

Rabá de los amonitas

Gibetón

Zemaraim

A M O N I T A S

Gezer

Gabaón

Asdod

Ecrón

Quiriat-jearim

Jerusalén

Ascalón

Gat

J U D Á

Gaza

Hebrón

Dibón

Estela moabita descubierta aquí. Mesaa, rey de Moab, en lucha con reyes de Israel

En-gedi

mar de Araba (mar Salado)

Aroer

valle de Arnón

F I L I S T E O S

mar Grande (mar Mediterráneo)

0   10 km.

M O A B I T A S

vasallo de Israel, obtuvo su independencia a costa de las tribus israelitas de Gad y Rubén (2 R. 3:4-27).

El hijo de Acab, Joram, soportó lo peor de los constantes ataques de Aram (2 R. 6:24 – 7:8). Mientras Joram se recuperaba de las heridas recibidas en Jezreel, Jehú organizó un golpe de estado, ejecutando al rey, a Jezabel y a todos los descendientes de Omri/Acab (841 a. C.; 2 R. 9 – 10), así como a los sacerdotes y adoradores de Baal (2 R. 10). Pero sabemos, gracias a registros asirios (ANET, 280-81) que Jehú pagaba tributo a Salmanasar III. Casi al final del reinado de Jehú, Hazael el arameo invadió Israel, capturando territorios transjordanos (2 R. 10:32-33).

Judá manifestó una estabilidad mucho mayor durante su historia de 345 años. Judá tuvo 19 reyes, todos de la dinastía davídica. Además, Jerusalén ya se había establecido firmemente como la capital religiosa y política del reino del sur.

El relato que hace el cronista de los reinados de los sucesivos monarcas de Judá ilustra el principio teológico de que sus expresiones de fidelidad a Dios y confianza en él condujeron a bendiciones, prosperidad y fortaleza, mientras que su desobediencia normalmente los llevó al desastre, la destrucción, la derrota y al final la deportación. Por ejemplo, al principio del reinado de Asa, sus expresiones de confianza en Dios fueron seguidas de su victoria sobre las hordas invasoras (2 Cr. 14). Pero más tarde, la falta de confianza de Asa en el poder de Dios para frenar el agresivo desplazamiento de Baasa, y su alianza con Ben-adad, condujeron a su muerte ignominiosa (16:7-14).

El sucesor de Asa, Josafat, introdujo reformas religiosas y legales. Además, se construyeron ciudades con guarnición militar, fuertes y ciudades de almacenaje, proveyéndolas de soldados (2 Cr. 17). El poder de Josafat fue tan grande que los filisteos al oeste y los árabes al sur y al este le llevaban tributos, posiblemente porque volvía a ejercer un dominio judío sobre tramos de las rutas comerciales internacionales. Más tarde, los moabitas, amonitas y meunitas invadieron Judá desde el este, pero fueron derrotados con ayuda divina gracias a la piedad de Josafat (2 Cr. 20).

LOS CONFLICTOS DEL REINO DEL SUR (SIGLOS X A VIII a. C.)

En varios momentos de su historia, Judá fue oprimido por sus vecinos al oeste, al sur y al este. Por el contrario, cuando Judá era fuerte se expandía a costa de ellos.

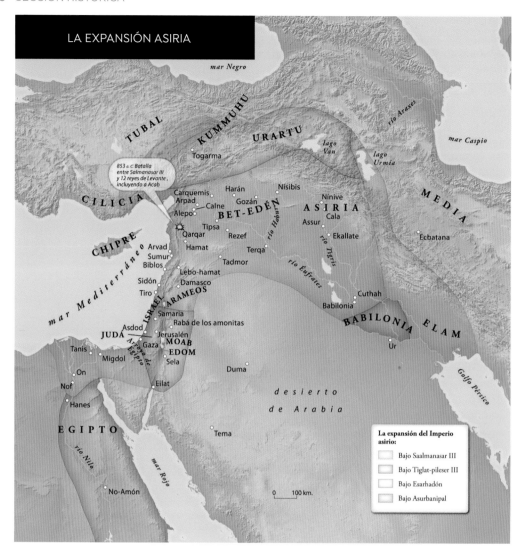

LA EXPANSIÓN ASIRIA

La expansión del Imperio asirio:

- Bajo Saalmanasar III
- Bajo Tiglat-pileser III
- Bajo Esarhadón
- Bajo Asurbanipal

A pesar de todo, Josafat forjó estrechas relaciones con Israel. De hecho, su hijo Joram se casó con Atalías, hija de Acab y Jezabel (2 R. 8:18; 2 Cr. 21:6), y Josafat incluso luchó junto a Acab en la batalla de Ramot Galaad. Ciertamente, todas las empresas conjuntas entre Josafat e Israel acabaron en fracaso.

Tras la muerte de Joram, un rey malvado que experimentó una serie de reveses, el linaje real davídico quedó casi aniquilado por la malvada reina madre, Atalía (2 R. 11). Pero un hijo del linaje davídico fue rescatado. A principios de su gobierno, Joás comenzó una serie de reformas religiosas (2 R. 12:1-12; 2 Cr. 24:1-

16). Sin embargo, más tarde olvidó a Dios dedicándose a la adoración de los símbolos de Asera y de los ídolos (2 Cr. 24:17-22), y padeció derrotas militares.

Unos elementos descontentos asesinaron a Joás (2 R. 12:19-21; 2 Cr. 24:25-27), y su hijo Amasías gobernó en su lugar. Amasías logró someter a Edom (2 R. 14:7; 2 Cr. 25:1-15). Sin embargo, Israel invadió Judá y destruyó porciones de las murallas de Jerusalén (2 R. 14:8-14; 2 Cr. 25:17-24). El respaldo político de Amasías decreció, y fue asesinado (2 R. 14:18-20; 2 Cr. 25:26-28).

PROVINCIAS ASIRIAS TRAS LA CAÍDA DEL REINO DEL NORTE

△ Ciudades tomadas por Tiglat-pileser III
△ Ciudades tomadas por Salmanasar V y Sargón II
☐ Provincias asirias en época de Tiglat-pileser III
☐ Provincias asirias añadidas en época de Salmanasar V y Sargón II

mar Mediterráneo

MASUATE
SUBITE
DAMASCO
Damasco △
Sidón
Iyón
Tiro
Abel-bet-maaca △
Janoa
Iron △
Merom △
Cedes △
Janoa? △
Hazor △
KARNAIM
Acre
Jotbata △
Qana △△
mar de Galilea
Karnaim
Hanatón △ Aruma △
Astarot △
MEGUIDO
HAURAN
Dor
Meguido △
Bet-san
GALAAD
Ramot-galaad
DOR
Samaria
Súcot
SAMARIA
río Jordán
Afec
Jope
AMÓN
Bet-el
Gibetón △
Gezer △
Jericó
Rabá de los amonitas
Asdod-yam △
Ecrón △
Jerusalén
Hesbón
Bezer
Asdod △
Gat
Azeca
Belén
Medeba
Ascalón
Laquis
Bet-diblataim
MOAB
Gaza △
Hebrón
En-gedi
Dibón
Aroer
ASDOD
Gerar
mar Muerto
JUDÁ
Rafia △
Beerseba
Arad
Quir-moab
Aroer
Zoar
EDOM
Bosra

0   10 km.

A Amasías lo sucedió su hijo Azarías (también llamado Uzías). En occidente, este "rey piadoso" conquistó Gat, Jabnia y Asdod (2 Cr. 26:6-8). Al sur y al suroeste, los árabes de Gur Baal y del Meunim le pagaron tributo, como hicieron los amonitas del este. En el sur construyó fuertes en el desierto, sometió a los edomitas y reconstruyó Eilat en el mar Rojo (2 R. 14:22; 2 Cr. 26:2).

Jotán, hijo de Azarías, siguió los caminos de su padre. Pero hacia el final de su reinado, Peca de Israel y Rezín de Aram-Damasco atacaron Judá. Los judíos apelaron al monarca asirio Tiglat-Pileser III en busca de ayuda, y este respondió atacando a Israel (2 R. 16:7-10; 15:29; 2 Cr. 28:16, 20-21). Aunque los judíos se vieron aliviados de las presiones inmediatas israelitas/arameas, más tarde padecieron a manos de su aliado asirio.

Durante el reinado de Acaz se deterioraron las condiciones religiosas y políticas en Judá (2 R. 16:2-4; 2 Cr. 28:1-4). Estos reveses religiosos fueron acompañados de derrotas militares: una invasión israelita/aramea (2 Cr. 28:6), una revuelta edomita (2 R. 16:5-6) y una invasión filistea de la Sefela y el Néguev (2 Cr. 28:17-19; mapa p. 81).

Desde aproximadamente 800 a. C. hasta 740 a. C. los asirios estuvieron ocupados en otras zonas de Oriente Próximo, y el reino israelita pudo florecer. El punto culminante de la expansión y de la prosperidad israelitas llegó durante el largo reinado de Jeroboam II (793-753 a. C.). El área de su influencia se extendió desde Lebo-hamat en el norte hasta Judá y el mar de Arabá (=mar Salado) en el sur (2 R. 14:25-29). Ciertamente, cuando se toman los territorios controlados por el rey judío Azarías/Uzías y los dominados por Jeroboam II, el área combinada casi alcanzó las proporciones de tiempos de Salomón.

Los dos sucesores de Jeroboam II gobernaron durante un total combinado de siete meses; ambos fueron asesinados. Durante el reinado de Menahem (752-742 a. C) la amenaza asiria volvió a dejarse sentir. El sucesor de Mehanem, Peca, soportó la peor parte de la agresión inicial de los asirios.

Los anales bíblicos y, sobre todo asirios, describen las invasiones de Tiglat-pileser III (2 R. 15:29-30; ANET, 282-84). En 734 a. C. descendió por la costa del Mediterráneo hasta llegar a Gaza y el arroyo de Egipto (mapas págs. 82, 83). En 733 a. C. su ejército regresó, capturando ciudades israelitas norteñas y Galaad. Por último, en 732 a. C., atacó y conquistó Damasco. Rezín fue depuesto y Peca asesinado; siguiendo los pasos de este último, Tiglat-pileser III puso a Oseas (732-722 a. C.) en el trono israelita como rey títere.

Poco después de la muerte de Tiglat-pileser III (727 a. C.), Oseas se rebeló contra los asirios, quienes respondieron asediando Samaria bajo el mando de Salmanasar V. Al final Samaria cayó en manos asirias (2 R. 17:4-6; 18:9-11). La caída de Samaria fue una experiencia traumática para los israelitas; Sargón II de Asiria inició una serie de deportaciones (2 R. 17:6; 18:10-11). En su lugar, los gobernantes asirios asentaron a extranjeros (17:24). Estos recién llegados trajeron consigo su adoración de deidades paganas; sin embargo, también intentaron adorar al "Dios de aquella tierra" (es decir, Yahvé; vs. 25-41). Está claro que esos recién llegados, con su mezcla sincretista de religiones, fueron los precursores del grupo religioso/étnico que más adelante fue conocido como "los samaritanos".

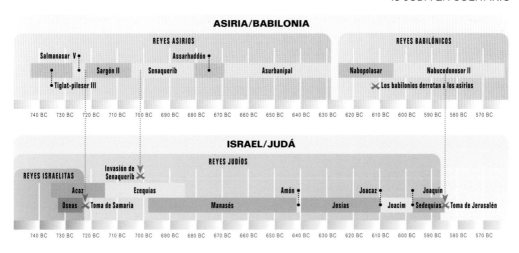

ASIRIA/BABILONIA

REYES ASIRIOS		REYES BABILÓNICOS	
Salmanasar V	Assarhaddón		
Sargón II	Senaquerib	Nabopolasar	Nabucodonosor II
Tiglat-pileser III		Asurbanipal	Los babilonios derrotan a los asirios

740 BC 730 BC 720 BC 710 BC 700 BC 690 BC 680 BC 670 BC 660 BC 650 BC 640 BC 630 BC 620 BC 610 BC 600 BC 590 BC 580 BC 570 BC

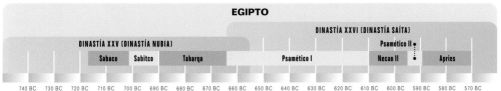

ISRAEL/JUDÁ

REYES JUDÍOS

Invasión de Senaquerib

REYES ISRAELITAS								
Acaz	Ezequías		Amón	Joacaz	Joaquín			
Oseas	Toma de Samaria	Manasés	Josías	Joacim	Sedequías	Toma de Jerusalén		

740 BC 730 BC 720 BC 710 BC 700 BC 690 BC 680 BC 670 BC 660 BC 650 BC 640 BC 630 BC 620 BC 610 BC 600 BC 590 BC 580 BC 570 BC

EGIPTO

DINASTÍA XXV (DINASTÍA NUBIA)			DINASTÍA XXVI (DINASTÍA SAÍTA)		
				Psamético II	
Sabaco	Sabitco	Taharqa	Psamético I	Necao II	Apries

740 BC 730 BC 720 BC 710 BC 700 BC 690 BC 680 BC 670 BC 660 BC 650 BC 640 BC 630 BC 620 BC 610 BC 600 BC 590 BC 580 BC 570 BC

13 JUDÁ EN SOLITARIO

La victoria asiria sobre Damasco y el reino del norte, Israel, ofreció al reino de Judá un alivio temporal de las presiones militares, pero el fomento que hizo Acaz de las prácticas religiosas paganas casi garantizó que el reino del sur también cayese bajo el juicio de Dios. Los edomitas invadieron Judá mientras los filisteos capturaban ciudades en la Sefela o cerca de ella (2 Cr. 28:17-19). En esta época muchos israelitas del reino del norte se trasladaron al sur para evitar la matanza perpetrada por los asirios. Jerusalén pasó de ser una ciudad de 37 acres a otra de 150, y surgieron muchos asentamientos nuevos en la región de las colinas de Judá.

Con la derrota de Acaz en 715 a. C. comenzó el reinado en solitario de Ezequías. Muy pronto inició una serie de reformas religiosas. Hizo destruir los lugares altos, romper las piedras sagradas, cortar los postes de Asera, e incluso la serpiente de bronce que Moisés había alzado en el desierto (Nm. 21:5-9) fue hecha pedazos (2 R. 18:3-7; 2 Cr. 29:2-19). Además, se volvió a consagrar el templo y en Jerusalén se celebró una gran Pascua (2 Cr. 29:20 – 30:27).

▼ Jerusalén: muralla del siglo VIII construida para defender la colina occidental de Jerusalén (2 R. 22:14; Is. 22:10). ¡Tiene un espesor de casi 7 m!

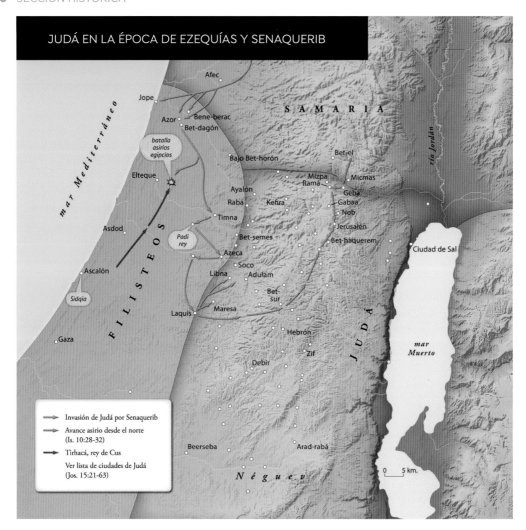

JUDÁ EN LA ÉPOCA DE EZEQUÍAS Y SENAQUERIB

La muerte del rey asirio Sargón II en 705 a. C. fue la señal para que muchos países en Oriente Próximo intentaran obtener su independencia. Ezequías, por ejemplo, atacó a los filisteos y recuperó territorio hasta Gaza (2 R. 18:8). Durante el proceso, depuso a reyezuelos que aún eran leales a Asiria y los sustituyó por gobernantes más de su agrado.

Ezequías debió prever que tarde o temprano el nuevo rey asirio, Senaquerib, respondería. Ezequías situó destacamentos por toda la región de las colinas de Judá y en la Sefela. Se les proveyó de oficiales, armas, escudos y provisiones. Los preparativos de Ezequías en Jerusalén y en sus inmediaciones fueron dignos de destacar; excavó un túnel de 530 m a

través de roca viva para llevar agua a la ciudad, y construyó una gruesa muralla en la colina occidental recién poblada.

La reacción de Senaquerib en 701 a. C. es uno de los eventos mejor documentados del mundo antiguo. La Escritura describe su invasión desde el punto de vista judío (2 R. 18 – 20; 2 Cr. 32:1-23; Is. 36 – 39). Desde el punto de vista asirio, el Prisma de Senaquerib (ANET, 287-88) describe su invasión con gran detalle. Aparte, los relieves en piedra que recubrían las paredes del salón del trono en su palacio de Nínive muestran diversas facetas de su campaña judía, incluyendo su asedio de Laquis.

Después de marchar hacia el oeste desde Asiria al mar Mediterráneo, Senaquerib se dirigió al sur, capturando ciudades a lo largo de la costa fenicia y en el norte de Filistea. Los egipcios y los etíopes, que habían respondido a la petición de ayuda de Ezequías, fueron derrotados en el llano de Elteque. Senaquerib siguió más al sur y capturó la fortaleza judía de Laquis. Las excavaciones en Laquis han descubierto entre 1, 8 y 3, 5 m de ceniza y cascotes fruto de esta destrucción. Desde los campamentos de Laquis y Libna, Senaquerib envió a sus representantes para exigir la rendición de Jerusalén (2 R. 18:17).

Sin embargo, al final la liberación de Judá llegó cuando Dios envió a su ángel para destruir a 185000 asirios (19:35-36; 2 Cr. 32:21; Is. 37:36). Obviamente, Senaquerib no mencionó en sus inscripciones esta desastrosa pérdida de tropas. En lugar de eso, enfatizó cómo asedió y conquistó 46 ciudades fuertes e incontables aldeas, cómo confinó a Ezequías en Jerusalén "como un pájaro en una jaula", y cuántos reyes en el área, incluyendo a Ezequías, le enviaban tributo.

A pesar de las pérdidas de Senaquerib en su campaña en Judea, Asiria siguió siendo poderosa. En 670 a. C. los asirios volvían a estar activos en la costa del Mediterráneo, intentando invadir Egipto. En el texto bíblico, Manasés, el sucesor de Ezequías, es famoso sobre todo por los ritos religiosos paganos que instituyó en Judá, incluyendo los lugares altos, altares para baales, creación de un poste de Asera, la adoración del ejército de los cielos, el sacrificio de niños en el fuego y la colocación de ídolos en el templo (2 R. 21:2-9, 16; 2 Cr. 33:1-20).

Amón, el malvado hijo de Manasés, gobernó solo dos años. Fue seguido de Josías, que reinó 31 años. En su octavo año (632 a. C.), Josías buscó a Dios, y en su duodécimo año (628 a. C.) comenzó a limpiar Judá y Jerusalén de sus lugares altos, postes de Asera e imágenes. Josías ejerció cierta influencia en algunos de los israelitas que permanecieron en lo que antaño fuera el reino del norte. Sin embargo, es probable que el meollo del área principal bajo su control estuviera confinado a la región de las colinas de Benjamín y de Judá (2 R. 23:8).

▲ Asirios atacando la ciudad judía de Laquis durante la época de Ezequías. Fijémonos en la torre de la ciudad, el ariete, los arqueros, las antorchas y, en la esquina inferior derecha, unos judíos empalados en postes. Relieve del palacio de Senaquerib en Nínive.

▼ Jerusalén: varios "falsos comienzos" cerca del centro del túnel de Ezequías, donde se encontraron los dos grupos de operarios.

Durante los últimos años del reinado de Manasés, los babilonios empezaron el proceso que condujo a la caída de Asiria. Hacia 620 a. C. Nabopolasar había establecido su control del sur de Mesopotamia, y estaba listo para avanzar contra Asiria. Además, en el noreste los poderosos medos estaban presionando a

▲ Senaquerib en su trono, recibiendo botín y prisioneros de su campaña en Judea.

los asirios. En 614 a. C. los medos capturaron y destruyeron la ciudad asiria de Asur. Entonces medos y babilonios unieron sus fuerzas y en 612 conquistaron Nínive. El último rey asirio, Ashur–uballit II, unido a su aliado egipcio, Necao II, intentó recuperar el poder. En 609 a. C., cuando Necao se dirigía al norte para ayudar a los asirios, Josías, evidentemente poniéndose de parte de los babilonios, intentó impedir su marcha en Meguido. Allí fue muerto el piadoso rey judío (2 R. 23:29-30; 2 Cr. 35:20-27).

Judá vaciló entre la lealtad a Egipto o a Babilonia. En Carquemis, en 605 a. C., los babilo-

nios derrotaron a los egipcios, y Judá se convirtió en su vasallo. Nabucodonosor deportó a Babilonia a algunos de los judíos de clase alta, con buena formación, episodio registrado en la Escritura como la primera de cuatro deportaciones de judíos (Dn. 1:1; Jer. 46:2; comparemos con 52:28-30). Este nuevo imperio mundial es conocido como Imperio neobabilónico (605-539 a. C.).

El rey Joacim volvió a rebelarse contra el señorío babilónico. Nabucodonosor invadió Judá en 597 a. C. Justo antes de que este rey capturase "la ciudad de Judá" (=Jerusalén)

LA CAÍDA DEL IMPERIO ASIRIO

el 16 de marzo de 597 a. C., Joacim murió. El siguiente rey, Joaquín, gobernó solo tres meses (598-597 a. C.), y fue testigo de la caída de la ciudad. En esta segunda deportación (2 R. 24:13-16), él y más de 10000 judíos, junto con los tesoros del templo y del palacio, fueron llevados a Babilonia.

Nabucodonosor puso en el trono a Matanías, tío de Joaquín, y cambió su nombre por Sedequías. Este reinó durante once años, al principio como fiel vasallo de Babilonia. Entonces, posiblemente en torno a 588 a. C., cuando el faraón egipcio Hofra/Apries (589-570 a. C.) condujo una expedición militar contra Tiro y Sidón, Sedequías organizó (Jer. 27:1-11) una revuelta contra Babilonia. Nabucodonosor volvió a responder rápidamente. Primero atacó las ciudades de importancia estratégica de la Sefela, Laquis y Azeca.

En enero de 588 a. C., Nabucodonosor comenzó el asedio de Jerusalén. En julio de 586 a. C. Jerusalén cayó, y entre el 14 y el 17 de agosto la ciudad fue arrasada y el templo quemado a manos de Nebuzaradán, comandante de la guardia imperial. Sedequías fue capturado, le arrancaron los ojos y fue deportado a Babilonia (2 R. 25:1-7).

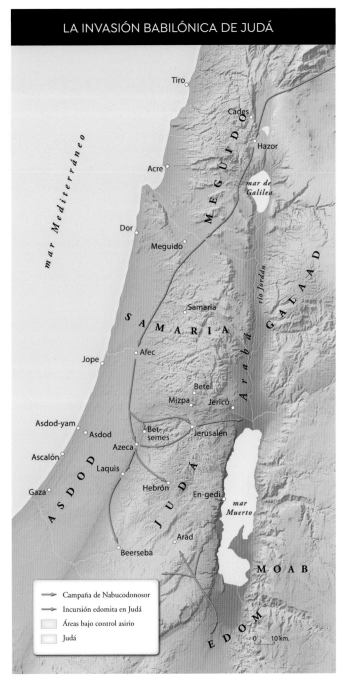

LA INVASIÓN BABILÓNICA DE JUDÁ

→ Campaña de Nabucodonosor
→ Incursión edomita en Judá
☐ Áreas bajo control asirio
☐ Judá

El estado independiente israelita/judío, que había existido durante más de 400 años, había llegado a su fin. Jerusalén estaba en ruinas, el templo de Yahvé había sido destruido, y los herederos de la dinastía davídica, antaño grande, eran prisioneros en el exilio.

¿Había abandonado Dios a su pueblo? ¿Qué había sucedido con las gloriosas promesas hechas a los antepasados de Israel? Haría falta un "segundo éxodo", esta vez desde Babilonia en lugar de desde Egipto, para que Dios librase a su pueblo de la catástrofe que les había sobrevenido.

EL IMPERIO NEOBABILÓNICO/EL EXILIO DE JUDÁ

URARTU

mar Caspio

ASIRIA

IMPERIO MEDO

Tarso

Carquemis

Harán

Nínive

río Gran Zab

Alepo

Cálah

río Pequeño Zab

Rezef

Asur

río Diyala

Arrapa

Ecbatana

CHIPRE

ARAM

Hamatf

río Éufrates

río Tigris

mar Mediterráneo

Arvad

Gebal
(Biblos)

Riblah

Tadmor

Sippar
Kutha
Babilonia
Borsipa   Nippur

Susa

ELAM

Tiro

Damascus

IMPERIO

Megiddo

NEOBABILÓNICO

Larsa

Samaria

AMÓN

Jerusalén

Rabá de los
amonitas

Ur

Gaza

JUDÁ

MOAB

El-Arish

EDOM

Golfo Pérsico

Menfis

Arroyo
de
Egipto

Duma

EGIPTO

Eilat

Desierto de Arabia

río Nilo

mar Rojo

Tema

0   100 km.   ➡ Exilio de Judá

Tebas

◀ Tumba de la Edad del Hierro en
el terreno de la École Biblique
de Jerusalén. Destaca la repisa
funeraria y las personas que
observan el espacio en que se
guardaban los huesos.

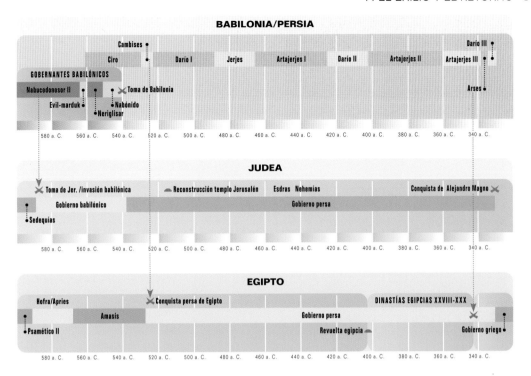

14 EL EXILIO Y EL RETORNO

Tras la caída de Jerusalén en 586 a. C., algunos judíos fueron llevados cautivos al sur de Mesopotamia, algunos se quedaron en la tierra de Judá y otros huyeron a países vecinos, incluyendo Amón, Moab y Egipto. Gedalías fue nombrado gobernador de quienes permanecieron en el territorio (Jer. 40:1 – 41:15). Estableció su sede en Mizpa, al norte de Jerusalén (mapa p. 94). El reinado de Gedalías concluyó cuando Ismael, enviado por los amonitas (Jer. 40:14), lo asesinó.

Los babilonios seguían activos en la zona, y los judíos temían sus represalias (Jer. 41:16-17). Algunos huyeron a Egipto (mapa p. 92), llevando con ellos a Jeremías (42:1 – 44:30). Es evidente que el profeta murió en el exilio en Egipto. En 582 a. C. los babilonios llevaron al exilio a varios miles de judíos más (52:30).

Carecemos de detalles concretos de la vida en Judea desde 586 a. C. hasta el primer retorno en 538 a. C. Dado que los babilonios no llevaban a extranjeros para que se asentaran en áreas recién abandonadas por judíos exiliados, lo más probable es que los edomitas se trasladaran a la porción sur de la región de las colinas de Judá. Este grupo humano llegó a ser conocido como "idumeos".

La vida en Babilonia para la población judía exiliada debió ser bastante deprimente, porque sus creencias religiosas estaban íntimamente relacionadas con la tierra de Israel, de la que fueron expulsados, y con Jerusalén y su templo, que estaba en ruinas (ver Sal. 137). Además, la dinastía davídica ya no gobernaba. La gran pregunta que se cernía en sus mentes era: ¿por qué?

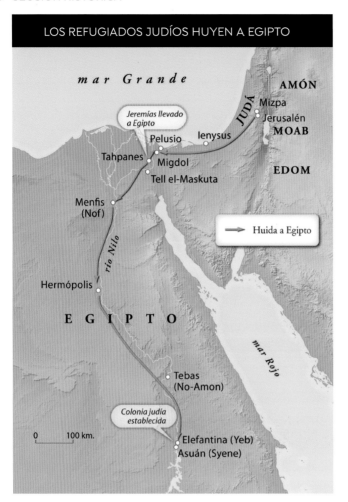

LOS REFUGIADOS JUDÍOS HUYEN A EGIPTO

mar Grande

AMÓN

Mizpa

Jeremías llevado a Egipto

JUDÁ

Jerusalén

MOAB

Pelusio

Ienysus

Tahpanes

Migdol

EDOM

Tell el-Maskuta

→ Huida a Egipto

Menfis
(Nof)

río Nilo

Hermópolis

E G I P T O

mar Rojo

Tebas
(No-Amon)

Colonia judía
establecida

0   100 km.

Elefantina (Yeb)
Asuán (Syene)

El colapso del Imperio babilónico, como el del asirio que lo precedió, fue rápido. El rey Ciro avanzó al noroeste, entrando en Asia Menor y derrotando a Creso, rey de Lidia, de modo que el territorio de Ciro se extendiera desde Persia hacia el oeste hasta la costa del mar Egeo. Ciro tomó Babilonia en 539 a. C., y fue recibido como un libertador; trató a la población con benignidad. La inscripción de su cilindro (ANET, 315-16) cuenta cómo se permitió que algunos pueblos exiliados por los babilonios volvieran a sus tierras natales. Esto incluyó a los judíos, a los que Ciro permitió volver a Judea y reconstruir el templo (2 Cr. 36:22-23; Esd. 1:1-4; 6:3-5). Un total de 49697 personas volvieron a Judea con Sesbasar (Esd. 2:64-65).

Durante esta fase del primer retorno, en torno a 537 a. C., se reconstruyó el altar de los sacrificios, se echaron los cimientos del templo y se celebró la fiesta de los Tabernáculos (Esd. 1 – 3). Pero debido a la hostilidad de sus enemigos (4:1-4), el trabajo en el templo se detuvo hasta el segundo año de Darío I (ca. 520 a. C.). La segunda fase del regreso la dirigió Zorobabel. La obra del templo se completó en 516 a. C. (Esd. 4:24 – 6:22).

A pesar de ello, algunos sectores de la comunidad judía parecen haber florecido. De hecho, Daniel se convirtió en consejero de reyes y de la nobleza; Ezequiel viajó; el rey judío exiliado Joaquín y su corte recibieron raciones de los babilonios (ANET, 308), y fue liberado de la cárcel en 561 a. C. (2 R. 25:27-30; Jer. 52:31-34).

Internamente, el Imperio persa estaba dividido en grandes unidades administrativas llamadas satrapías. Judá estaba en una satrapía llamada "Babilonia y más allá del río [Éufrates]". Hacia 520 a. C. la satrapía se había dividido en al menos dos subunidades, una de las cuales se llamaba "más allá del río" (NVI "el oeste del Éufrates"). Se extendía desde el sureste del curso alto del Éufrates hasta el norte del Sinaí.

Durante el reinado de Darío (522-486 a. C.), el Imperio persa alcanzó su máxima dimen-

▲ Cilindro fundacional de barro (10 cm de largo), descubierto en el ziǵurat de Ur, al sur de Iraq, donde se menciona a Nabónides y a su hijo Belsasar (Dn. 5).

LA CAÍDA DE BABILONIA: EL REGRESO DEL EXILIO

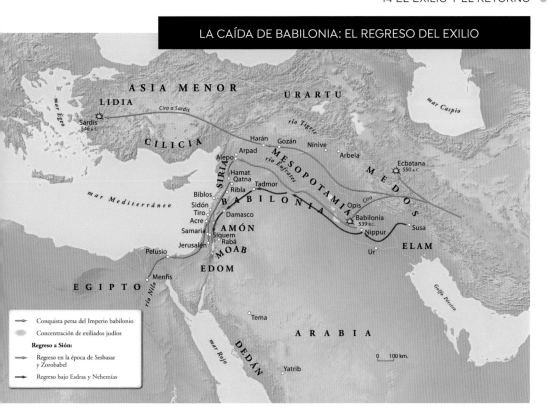

ASIA MENOR
URARTU
LIDIA
Ciro a Sardis
Sardis
546 a.C.
mar Egeo
mar Caspio
CILICIA
río Tigris
Harán Gozán Nínive
Arpad
Alepo Arbela
río Éufrates
Ecbatana
550 a.C.
MESOPOTAMIA
Hamat MEDOS
Qatna
Ribla Tadmor
mar Mediterráneo SIRIA
Biblos BABILONIA
Sidón Opis *Ciro*
Tiro Damasco Babilonia
Acre 539 B.C.
Samaria AMÓN Nippur Susa
Jerusalén Síquem Ur
Rabá ELAM
Pelusio MOAB
EDOM *Golfo Pérsico*
Menfis
EGIPTO *río Nilo*
Tema
ARABIA

Conquista persa del Imperio babilonio
Concentración de exiliados judíos
Regreso a Sión:
Regreso en la época de Sesbasar
y Zorobabel
Regreso bajo Esdras y Nehemías

0   100 km.

DEDÁN
mar Rojo
Yatrib

EL IMPERIO PERSA

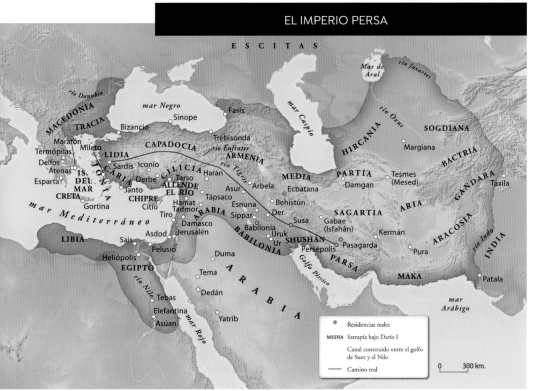

ESCITAS
Mar de Aral *río Jaxartes*
río Danubio
MACEDONIA *mar Negro* Sinope Fasis *mar Caspio* *río Oxo* SOGDIANA
TRACIA Bizancio HIRCANIA Margiana
Maratón Trebisonda CAPADOCIA *río Éufrates* ARMENIA Margiana BACTRIA
Termópilas Mileto LIDIA *río Tigris* PARTIA GANDARA
Delfos CARIA Sardis Iconio Tarso Harán MEDIA Tesmes Taxila
Atenas IS. Derbe CILICIA Asur Arbela Ecbatana (Mesed)
Esparta DEL Janto ALLENDE Damgan ARIA
CRETA MAR CHIPRE EL RÍO Tápsaco Behistún ARACOSIA *río Indo*
Gortina Citio Hamat Tadmor Esnuna SAGARTIA INDIA
mar Mediterráneo Tiro ARABIA Sippar Der Susa Gabae Kermán
LIBIA Damasco BABILONIA (Isfahán) Pura
Sais Asdod Jerusalén Babilonia SHUSHÁN Pasagarda Patala
Pelusio Ur Uruk Persépolis PARSA
Heliópolis Duma Persépolis MAKA
EGIPTO *río Nilo* Tema *Golfo Pérsico* *mar Arábigo*
Tebas Dedán ARABIA
Elefantina
Asuán Yatrib
mar Rojo

● Residencias reales
MEDIA Satrapía bajo Darío I
Canal construido entre el golfo
de Suez y el Nilo
Camino real

0   300 km.

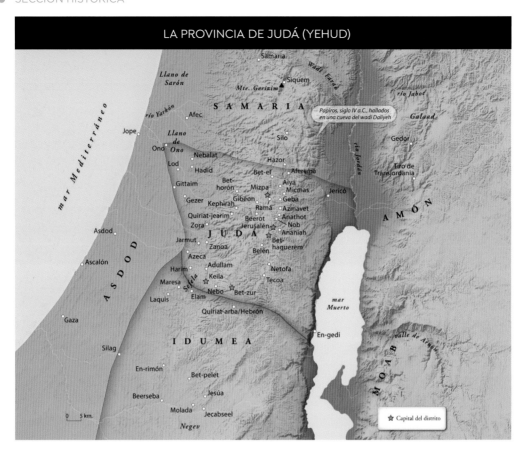

LA PROVINCIA DE JUDÁ (YEHUD)

sión, extendiéndose desde el río Indo al este hasta Tracia y Macedonia en el oeste. Durante este reinado se hizo frecuente la acuñación de monedas, se organizó el sistema legal de tribunales y jueces, funcionaban perfectamente un sistema postal y otro viario, e incluso se acabó un importante canal que conectaba el golfo de Suez con el Nilo.

▲ Atenas: el Partenón en la Acrópolis, entre otros edificios, estaba en construcción en tiempos de Esdras y Nehemías (mediados s. V a. C.).

Hacia la mitad del largo reinado de Darío empezaron a gestarse problemas en la zona del Egeo, debido a la revuelta jónica. Darío sofocó la revuelta y la ciudad de Mileto fue destruida. Pero en 490 a. C. un ejército persa que invadía Grecia fue derrotado en Maratón. Se produjeron otras batallas notables entre los griegos y los persas, hasta que estos últimos se retiraron (ver el capítulo siguiente).

Después de que fuera asesinado el rey persa Jerjes, subió al trono Artajerjes I (464-424 a. C.). En 458 a. C. ofreció concesiones adicionales a los judíos (Esd. 7:7-9), lo que permitió a Esdras y a un número ilimitado de judíos regresar a Judea (8:1-20). Esas concesiones incluyeron el apoyo económico, el derecho de los judíos a gobernar sus propios asuntos, el nombramiento de jueces y magistrados civiles y la exención de impuestos al personal del templo. El hito más destacado del segundo retorno fue la reconstrucción espiritual de los judíos, incluyendo la disolución de los matrimonios interraciales (cap. 9).

En 446 a. C. el estado penoso de las defensas de Jerusalén llamó la atención de un judío piadoso llamado Nehemías, quien servía en la corte persa como copero del rey Artajerjes. El rey respaldó la petición de Nehemías de supervisar y reconstruir los muros de Jerusalén. Nehemías se fue a Judea en 445 a. C. Examinó la condición de las defensas de la ciudad (Neh. 2:11-16) y luego aglutinó tras él a los judíos.

A pesar de la oposición, reconstruyeron los muros en 52 días (2:17 – 7:3).

Esdras y Nehemías dirigieron al pueblo en una fase de renovación espiritual que dio como resultado final el documento de un pacto según el cual el pueblo se comprometía a gobernar sus vidas en conformidad con la ley de Moisés. Después de servir doce años como gobernador (Neh. 5:14; 13:6), Nehemías regresó a la corte persa en 433/432 a. C. Más tarde cumplió un segundo mandato como gobernador de Judá.

Mark Connally

▲ Sepulcro familiar de Tobías en Tiro de Transjordania (Neh. 2, 4, 6, 13), y un detalle de la inscripción a la derecha de la puerta.

Gracias a los datos bíblicos y extrabíblicos podemos entender bien el lugar que ocupó Judá en el Imperio persa. Era una provincia (Yehud) en la satrapía "más allá del río". Al norte estaba la provincia de Samaria, cuyo gobernador, Sambalat, entró en conflicto directo con Nehemías. Al este se hallaba la provincia de Galaad. Allí el gobernador era Tobías el amonita, que mantenía estrechos vínculos con Eliasib, el sacerdote de Jerusalén (Neh. 13:4-7). Entre los enemigos de Nehemías al oeste se menciona al "pueblo de Asdod" (4:7).

Además de Sambalat y Tobías, "Guesén el árabe" (Neh. 6:1) se unió a las hostilidades contra Nehemías. El reino de Guesén estaba situado en el norte del Sinaí; es probable que participase en el control del transporte terrestre de artículos de lujo (p. e., oro, incienso, mirra, perlas y especias) que pasaban por su territorio desde Arabia hasta los centros urbanos situados al norte y al oeste.

Por lo que respecta a Judá, se establecieron asentamientos judíos en el antiguo territorio benjaminita al norte, este y oeste de Jerusalén (Esd. 2:21-35; Neh. 7:26-38; 11:31-36). Al oeste los judíos se asentaron en la Sefela (Neh. 11:29-30), mientras que al este el territorio judío se extendía hasta las orillas del Jordán. En la región de las colinas de Judá, al sur, los judíos residían en Quiriat-arba (=Hebrón), y más al sur, en el Néguev (11:25-28).

A finales del siglo V a. C. el registro bíblico guarda silencio. Gracias a documentos en papiro hallados en Elefantina, un punto en el sur de Egipto (ver ANET, 491-92; mapa p. 94), sabemos que allí se había establecido una colonia judía. Los judíos habían edificado un templo para adorar a Yahvé, pero fue destruido en torno a 410 a. C. Además, sabemos que en ocasiones los judíos de Elefantina buscaban consejo en Jerusalén, porque mantenían correspondencia con el gobernador de Yehud.

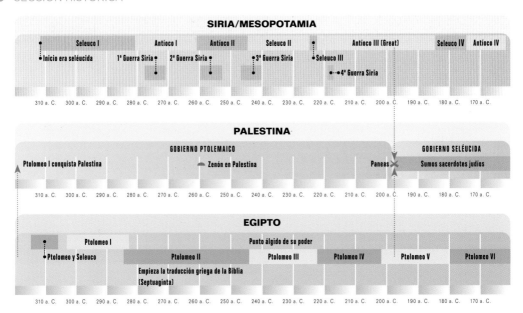

SIRIA/MESOPOTAMIA

| | Seleuco I | | Antíoco I | Antíoco II | Seleuco II | | Antíoco III (Great) | | Seleuco IV | Antíoco IV |

- Inicio era seléucida
- 1ª Guerra Siria
- 2ª Guerra Siria
- 3ª Guerra Siria
- Seleuco III
- 4ª Guerra Siria

310 a. C. · 300 a. C. · 290 a. C. · 280 a. C. · 270 a. C. · 260 a. C. · 250 a. C. · 240 a. C. · 230 a. C. · 220 a. C. · 210 a. C. · 200 a. C. · 190 a. C. · 180 a. C. · 170 a. C.

PALESTINA

GOBIERNO PTOLEMAICO — GOBIERNO SELÉUCIDA

- Ptolomeo I conquista Palestina
- Zenón en Palestina
- Paneas
- Sumos sacerdotes judíos

310 a. C. · 300 a. C. · 290 a. C. · 280 a. C. · 270 a. C. · 260 a. C. · 250 a. C. · 240 a. C. · 230 a. C. · 220 a. C. · 210 a. C. · 200 a. C. · 190 a. C. · 180 a. C. · 170 a. C.

EGIPTO

| Ptolomeo I | | Punto álgido de su poder |
| Ptolomeo y Seleuco | Ptolomeo II | Ptolomeo III | Ptolomeo IV | Ptolomeo V | Ptolomeo VI |

- Empieza la traducción griega de la Biblia (Septuaginta)

310 a. C. · 300 a. C. · 290 a. C. · 280 a. C. · 270 a. C. · 260 a. C. · 250 a. C. · 240 a. C. · 230 a. C. · 220 a. C. · 210 a. C. · 200 a. C. · 190 a. C. · 180 a. C. · 170 a. C.

15 LA LLEGADA DE LOS GRIEGOS

▼ Puertas Cilicias, por las que pasaron Darío III y Alejandro Magno cuando entraron/salieron de Asia Menor.

Desde los siglos VI al IV a. C., los griegos empezaron a desafiar la supremacía persa en Asia Menor. A los persas, que habían invadido Grecia, los mantenían a raya las huestes griegas, que los derrotaron primero en Maratón en 490 a. C. y luego en Salamina, 480 a. C. Durante el resto del siglo V y buena parte del IV, los griegos alentaron actividades contra los persas, pero el porcentaje del territorio bajo dominio persa se mantuvo prácticamente intacto.

Hacia mediados del siglo IV a. C., Filipo II de Macedonia solidificó su posición como dirigente de Macedonia. Durante su vida se esforzó por alcanzar dos grandes metas: unificar las ciudades-estado griegas bajo su gobierno y derrotar a los persas. Al hacerlo convirtió su ejército macedonio en una fuerza de combate reducida pero formidable. Lamentablemente, Filipo fue asesinado en 336 a. C., tras concluir sus planes de invadir Asia Menor.

El hijo de Filipo, Alejandro ("Magno") estaba en buena posición para cumplir los sueños de su padre. Aunque solo tenía veinte años, Alejandro había sido educado por Aristóteles y ya había dirigido campañas en nombre de su padre. Comenzó su invasión de Asia Menor

© **Atlas** *Esencial de la Biblia* **CLIE**

LAS CAMPAÑAS DE ALEJANDRO EN ASIA MENOR Y EL LEVANTE

cruzando los Dardanelos en 334 a. C. Él y su general Parmenio aplastaron cualquier resistencia por toda Asia Menor.

Alejandro continuó hacia el sureste, hasta Tarso, pasando por las Puertas Cilicias. Continuando por la esquina nororiental del mar Mediterráneo, pasó por las Puertas Sirias antes de darse cuenta de que Darío, el monarca persa, había reunido un gran ejército a sus espaldas, en Issos. Volviendo sobre sus pasos, derrotó a Darío III en la batalla de Issos en 333 a. C.

Entonces Alejandro marchó al sur, siguiendo la costa de Levante, asegurando o conquistando Arados, Biblos, Sidón, Tiro, Gaza y otras ciudades. Después de

London, British Museum

▲ Moneda con la efigie de Alejandro Magno.

cruzar el norte de Sinaí, Egipto se sometió a su mando, y en invierno de 332-331 a. C. fundó la ciudad de Alejandría. Esta ciudad se convirtió en la capital de Egipto y en un centro comercial e intelectual muy importante en todo el mundo.

Alejandro dejó a Ptolomeo a cargo de Egipto y fue al norte, pasando por el Levante. Se desconoce cómo trató a los judíos, pero lo más probable es que estos no interfirieran con su progresión por la costa. Sin embargo, los samaritanos asesinaron a su gobernador, Andrómaco. En venganza, Alejandro destruyó Samaria y la repobló con veteranos macedonios.

Dirigiéndose al norte y luego al este, Alejandro pasó por el norte de Mesopotamia. Al este del Tigris, los persas fueron totalmente derrotados. Darío huyó más hacia el este, pero fue asesinado por Bessos, sátrapa de Bactria. Esto concluyó casi 200 años de gobierno persa.

Alejandro siguió hacia el este, entrando en el área de lo que hoy es Afganistán y Cachemira, y luego bajó al sur, al valle del Indo (en el Pakistán actual). Desde allí se embarcó en una difícil marcha al oeste, pasando por los desiertos y las montañas al sur de Persia (en Irán moderno), hacia Babilonia. En 323 a. C., a la edad de 33 años, Alejandro murió repentinamente. Pero el Oriente Próximo se vio radicalmente transformado con la llegada del idioma y de la cultura griegos.

Tras la muerte de Alejandro una serie de sus oficiales se disputaron los territorios conquistados. Al final Antípater y Casandro gobernaron Macedonia y Grecia; Lisímaco, Tracia

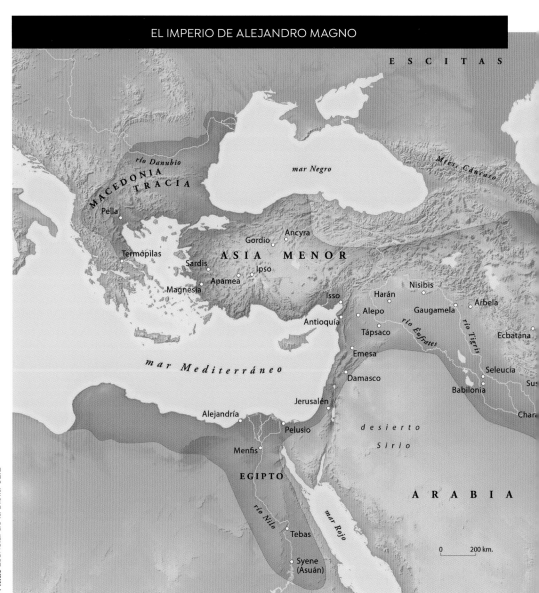

EL IMPERIO DE ALEJANDRO MAGNO

y Asia Menor; Seleuco I, Siria, Mesopotamia y Persia (hasta llegar al río Indo); y Ptolomeo I, Egipto y Palestina.

Durante el reinado de Ptolomeo I (304-282 a. C.), se construyeron los famosos "museo" y biblioteca de Alejandría. Sus fortunas políticas y militares fueron variables. En determinado momento consiguió extender su gobierno hasta el sur de Turquía, e incluso hasta la Grecia continental. Durante el siglo III, estos territorios caerían esporádicamente en manos ptolemaicas.

Al norte de Palestina, Seleuco I (312-280 a. C.) estableció su capital en Antioquía, junto al río Orontes. La influencia del estado seléucida fue tan grande que el calendario que se usó en Oriente Próximo durante cientos de años se calculó a partir del inicio de su reinado (que ahora sabemos que fue en 312 a. C.).

Los ptolemaicos y los seléucidas libraron guerras entre ellos durante el siglo III a. C., y Palestina quedó atrapada en medio. En general, los ptolemaicos tuvieron éxito en la defensa y en el control de su territorio. Palestina se

dividió en diversas unidades administrativas llamadas hiparquías. También contribuyó para proporcionar a Egipto aceite de oliva de gran calidad, vinos, productos derivados de la madera y, en ocasiones, esclavos.

No se sabe gran cosa de la hiparquía de Judea en el siglo III a. C. Parece ser que no hubo grandes cambios en su tamaño o en su administración interna, cuyo principal oficial judío era el sumo sacerdote.

La hiparquía de Samaria, al norte de Judea, estuvo poblada por veteranos macedonios. Los samaritanos mantuvieron sus instituciones religiosas y políticas en el monte Gerizim y cerca de él. Al norte de Samaria había estados monárquicos en el valle de Jezreel, y al norte de estos se hallaba la hiparquía de Galilea.

Las ciudades costeras como Tiro y Sidón tenían un alto grado de independencia. Proporcionaban barcos y marineros a la armada

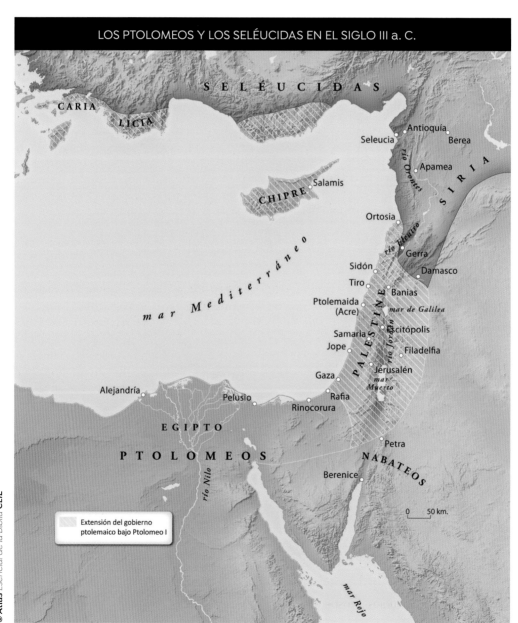

LOS PTOLOMEOS Y LOS SELÉUCIDAS EN EL SIGLO III a. C.

Extensión del gobierno ptolemaico bajo Ptolomeo I

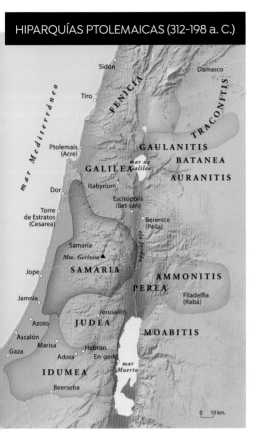

HIPARQUÍAS PTOLEMAICAS (312-198 a. C.)

EPARQUÍAS SELÉUCIDAS (198-142 a. C.)

ptolemaica y a su flota de mercaderes. Más al sur, Acre, el puerto de Galilea, fue una de las pocas ciudades que recibieron un nombre dinástico: Ptolemais. Al sur estaba la llanura filistea, y al este de ella la hiparquía de Idumea.

Cuando Ptolomeo IV ascendió al trono egipcio y Antíoco III (223-187 a. C.) al seléucida, el equilibrio de poder en Levante empezó a inclinarse hacia los seléucidas. Durante la cuarta guerra siria (221-217 a. C.), Antíoco empujó hacia el sur, entrando en Galilea, el valle de Jezreel y Transjordania, y avanzó hasta Gaza y Rafia, donde fue derrotado. Pero en 198 a. C. Antíoco III venció al general ptolemaico Scopas en la batalla decisiva de Panio. Así comenzó medio siglo de control seléucida en Judea (198-142 a. C.).

Al principio, los judíos prosperaron bajo el liderazgo del sumo sacerdote judío Onías III (198-174 a. C.). Como la población judía de Jerusalén había aceptado enseguida a Antíoco III, se les concedieron privilegios especiales, incluyendo la restauración de Jerusalén, una limitación de los impuestos, subsidios para el templo y permisos para vivir conforme a sus leyes ancestrales (Josefo, Ant. 12.3.3, 4 [138-46]).

En general, los seléucidas fomentaron la adopción del idioma, la cultura y las costumbres griegas, y fundaron nuevas ciudades siguiendo el modelo de la polis griega, donde los varones adultos se reunían para gestionar los asuntos de la ciudad. Los seléucidas cambiaron los nombres semitas de ciudades por nombres griegos. Por ejemplo, Jerusalén se convirtió en Antioquía. Pero estos nombres perduraron solo un breve periodo de tiempo.

Los seléucidas fusionaron varias hiparquías ptolemaicas para formar una unidad mayor

▲ Palacio de recreo en Iraq el-Amir, Jordania, del periodo helenístico.

Mark Connally

llamada "eparquía". Una de las mayores fue la eparquía de Samaria, cuyo gobernador residía en esa ciudad. Durante la última parte de su reinado, Antíoco III sufrió una serie de derrotas a manos de los romanos, después de las cuales renunció al control de buena parte de Asia Menor y se comprometió a pagar un cuantioso tributo a Roma.

Antíoco III (el Grande) tuvo como sucesor a su hijo Seleuco IV Filopáter, que mantuvo buenas relaciones con los judíos, llegando incluso a hacer regalos al templo de Jerusalén (2 Mac. 3:3). Tras su muerte en 175 a. C., Antíoco IV se hizo con el trono. Con el ascenso de ese rey, Judea entró en una fase crítica de su historia.

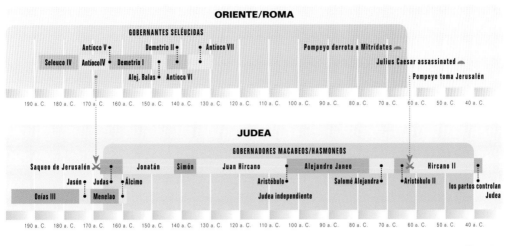

ORIENTE/ROMA

GOBERNANTES SELÉUCIDAS

Antíoco V • · Demetrio II • · • Antíoco VII · Pompeyo derrota a Mitrídates ◄

Seleuco IV · AntíocoIV • Demetrio I · • · Julius Caesar assassinated ◄

Alej. Balas • Antíoco VI · Pompeyo toma Jerusalén

190 a. C. 180 a. C. 170 a. C. 160 a. C. 150 a. C. 140 a. C. 130 a. C. 120 a. C. 110 a. C. 100 a. C. 90 a. C. 80 a. C. 70 a. C. 60 a. C. 50 a. C. 40 a. C.

JUDEA

GOBERNADORES MACABEOS/HASMONEOS

Saqueo de Jerusalén ✕ · Jonatán · Simón · Juan Hircano · Alejandro Janeo · ✕ Hircano II ·

Jasón • Judas • • Álcimo · Aristóbulo• · Salomé Alejandra• ✕Aristóbulo II · los partos controlan

Onías III · Menelao · Judea independiente Judea

190 a. C. 180 a. C. 170 a. C. 160 a. C. 150 a. C. 140 a. C. 130 a. C. 120 a. C. 110 a. C. 100 a. C. 90 a. C. 80 a. C. 70 a. C. 60 a. C. 50 a. C. 40 a. C.

EGIPTO

Ptolomeo VI

◄ Templo judío construido en Leontópolis, delta del Nilo

190 a. C. 180 a. C. 170 a. C. 160 a. C. 150 a. C. 140 a. C. 130 a. C. 120 a. C. 110 a. C. 100 a. C. 90 a. C. 80 a. C. 70 a. C. 60 a. C. 50 a. C. 40 a. C.

16 LA REVUELTA MACABEA Y LA DINASTÍA ASMONEA

Con el ascenso de Antíoco IV Epífanes (175-163 a. C.) dio comienzo una cadena de acontecimientos que culminó con el establecimiento de un estado judío independiente en 142 a. C., que duró hasta que los romanos capturaron Jerusalén en 63 a. C. Estos eventos tuvieron una influencia directa en la vida y en la práctica judías durante los dos siglos siguientes.

Antíoco IV intentó solidificar su reino bajo la bandera del helenismo. Muchos judíos adoptaron rápidamente el nuevo estilo de vida griego (2 Mac. 4), lo cual suponía romper con su herencia religiosa, cultural y lingüística. En Judea obtuvieron más influencia después de deponer al piadoso sumo sacerdote Onías III (2 Mac. 4:7), cuyo oficio fue a parar "al mejor postor".

En 169 a. C. Jasón, ex sumo sacerdote, intentó rebelarse contra Antíoco IV. Este reac-

▼ Templo de Zeus en Gerasa (Jordania), una de las grandes ciudades grecorromanas de la Decápolis. Construido originariamente en el periodo helenístico/ romano antiguo.

cionó capturando Jerusalén; miles de judíos fueron asesinados o vendidos como esclavos; saquearon el tesoro del templo y Antíoco, un gentil, entró en la estancia más sagrada del templo, el lugar santísimo.

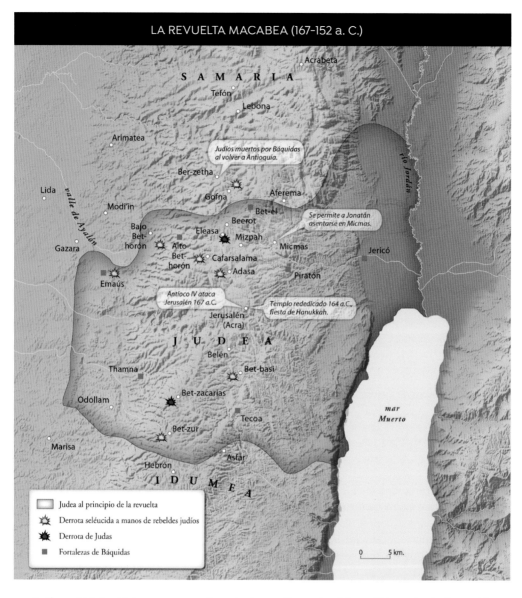

LA REVUELTA MACABEA (167-152 a. C.)

Antíoco IV intentó hacerse con el control de Egipto, pero los romanos lo rechazaron. Entonces decidió fortalecer su reino al solidificar su posición en Palestina. En 167 a. C. envió tropas a Jerusalén. En un intento de helenizar más aún a la población, se ordenó a los judíos adorar a Zeus y a otras deidades paganas, quemar sus ejemplares de la Torá y olvidar las leyes de su Dios (1 Mac. 1:41-64). Se les prohibió guardar el día de reposo, celebrar sus festivales, hacer sacrificios a Dios y circuncidar a sus hijos. Se derribaron secciones del muro de Jerusalén, y se construyó una ciudadela pagana llamada el Acra. El templo de Jerusalén se convirtió en un templo dedicado a Zeus Olímpico, y el 16 de diciembre de 167 a. C. se ofreció en él un sacrificio impuro a Zeus (2 Mac. 6:1-11).

También en 167 a. C., un delegado de Antíoco IV intentó obligar a Matatías, un sacerdote que vivía en Modín, a ofrecer sacrificio a un dios pagano. Matatías se negó, pero otro judío se ofreció para realizar el rito. Enfurecido, Matatías mató tanto al delegado seléucida como al judío traidor, y así comenzó la revuelta macabea (1 Mac. 2:1-48). Poco después Mata-

106

tías, muy anciano, murió de muerte natural, dejando que sus cinco hijos portasen la antorcha de la rebelión (2:49-70).

El líder de la revolución fue Judas, el hijo mediano de Matatías, al que también llamaban Macabeo ("el martillador"). Judas obtuvo el apoyo de los hasidim, los "fieles", que eran leales a las antiguas creencias y prácticas judías. Judas y sus seguidores fueron por las zonas rurales, derribando los altares paganos y circuncidando a los niños judíos.

En 165 a. C. los seléucidas, dirigidos por Lisias, reunieron un gran ejército en Emaús. Judas congregó a sus soldados en el antiguo centro tribal de Mizpa, en la región de las colinas de Benjamín. Gracias a un ataque imprevisto, los seléucidas fueron derrotados y se retiraron a la costa (1 Mac. 3:27 – 4:25).

Lisias y Judas se enfrentaron otra vez en Bet-sur, donde Lisias fue aniquilado (1 Mac. 4:26-35). Embriagado por la victoria, Judas marchó a Jerusalén y volvió a tomar la ciudad, excepto el Acra, que siguió en manos de los helenizantes. El templo se limpió, y el 25 de Quislev (14 de diciembre), 164 a. C., el templo volvió a dedicarse y se retomaron los sacrificios judíos lícitos. Los judíos han conmemorado este suceso en la fiesta de la Hanuká, la fiesta de la Dedicación (vs. 36-61).

Tras la muerte de Antíoco IV en 164 a. C., Judas y sus hermanos extendieron su influencia al norte, a Galilea, y al sur y suroeste de Judá. Pero una gran parte de la población deseaba tener un vínculo más estrecho con los seléucidas, y apelaron a Antíoco V en busca de ayuda. Lisias volvió a marchar sobre Bet-sur. Derrotó a Judas en Bet-zacarías y puso sitio a Jerusalén.

Pero debido a problemas internos tuvo que regresar a Antioquía, así que firmó la paz con Judas, garantizando a los judíos la libertad

▲ Tumbas de los "hijos de Hezir" (izquierda) y de "Zacarías" (centro), en el valle de Cedrón, Jerusalén. Destacan las columnas dóricas y jónicas y el tejado piramidal, que indican la influencia griega y egipcia en el país.

▼ Monte Gerizim: escalinata monumental del siglo II a. C. que conducía al templo samaritano en la cima del monte. El templo fue destruido por Juan Hircano en 110 a. C. (ver Jn. 4:20).

religiosa (1 Mac. 6:55-63), aunque exigió que se derribaran los muros de Jerusalén. Así se conservaron al menos los beneficios religiosos de la revuelta.

Los siguientes 18 años (160-142 a. C.) fueron inestables, con batallas, intrigas y lealtades cambiantes entre los helenistas, los hasidim, los macabeos (dirigidos ahora por Jonatán) y los gobernadores seléucidas. Al final, tras el asesinato de Jonatán, su hermano Simón se alió con el seléucida Demetrio II, quien le envió una carta donde confirmaba la independencia total de Judea. Así, 142 a. C. señaló la

Judea al principio de la revuelta
Adiciones de Jonatán, 160-142 a. C.
Adiciones de Simón, 142-134 a. C.
Adiciones de Hircano I, 134-104 a. C.
Adiciones de Aristóbulo I, 104-103 a. C.
Adiciones de Alejandro Janeo, 103-76 a. C.
Reino de Alejandro Janeo

Sidón
Damasco
CELESIRIA
FENICIA
Tiro
Dan (Antioquia)
Páneas
Cadasa
Seleucia
Hazor
Bascama
Betsaida
Gamala
Tolemaida
Genesaret
Datema
Tariquea
mar de
Arbela
Galilea
Hipo
GALILEA
Filoteria
Séforis
Mte. Carmelo
valle de Jezreel
Dora
GALAADITAS
Torre de Estratos
Escitópolis
Pella
mar Mediterráneo
SAMARIA
Gerasa
Samaria
Amatús
Apolonia
Mte.
Siquem
río Jordán
Gerizim
Acrabeta
PEREA
Jope
Alexandrium
Gadora
Arimatea
Aferema
Filadelfia
Lida
Docus
Jamnia
Jericó
Gazara
JUDEA
Esbo
Samaga
Azoto
Acarón
Jerusalén
Hircania
Medeba
Ascalón
Herodión
FILISTEA
Marisa
Bet-zur
Macaero
Antedón
Adora
Hebrón
MOABITAS
Gaza
En-gedi
mar
Orda
Gerar
Muerto
IDUMEA
Masada
Rafia
Beerseba
Rinocorura
Malata
NABATEOS
Wadi el-Arish
Petra
↓

0   10 km.

© **Atlas** *Esencial de la Biblia* CLIE

LA PALESTINA DE LOS MACABEOS Y LA DINASTÍA ASMONEA

independencia oficial del estado judío; era la primera vez que había sido oficialmente libre del dominio extranjero desde 586 a. C., cuando Jerusalén cayó ante los babilonios. Los judíos nombraron a Simón gobernador y sumo sacerdote "para siempre, hasta que apareciera un profeta autorizado" (1 Mac. 14:25-43). Así, con Simón, comenzó la dinastía asmonea (142-63 a. C.).

Cuando Antíoco VII murió en batalla concluyó el sólido gobierno seléucida, y los judíos intentaron ampliar sus dominios. En 128 a. C., Juan Hircano, hijo de Simón, se hizo con zonas de Transjordania. El mismo año atacó a los samaritanos, que habían estado hostigando a los judíos, y en 110 a. C. destruyó su templo en el monte Gerizim. Juan Hircano también estableció una alianza con Roma, ciudad que confirmó su independencia. En 125 a. C. pudo avanzar sobre Idumea, obligando a sus habitantes a convertirse al judaísmo.

Tras este reinado largo y fructífero (135-104 a. C.), Juan Hircano fue remplazado por su hijo Aristóbulo I, quien solo gobernó un año (104-103 a. C.). Tras su muerte, la esposa de Aristóbulo, Salomé Alejandra, sacó de la cárcel a los tres hermanos de su marido y nombró a uno, Alejandro Janeo, rey y sumo sacerdote. Además se casó con él, a pesar de que se suponía que el sumo sacerdote solo podía casarse con una virgen. El largo reinado de Alejandro Janeo (103-76 a. C.) marcó el punto álgido del poder asmoneo, aunque se vio acosado por discordias internas.

Durante esta época el conflicto entre saduceos y fariseos llegó a su punto culminante. Janeo se puso de lado de los saduceos, y de vez en cuando hacía serios intentos por ofender a los fariseos. Por ejemplo, durante una celebración de la fiesta de los Tabernáculos, en lugar de derramar sobre el altar el agua sagrada, se la derramó en los pies. Los adoradores en el templo reaccionaron lanzándole limones; Alejandro, a su vez, reaccionó masacrando a unos 6000 judíos. Recurriendo a mercenarios extranjeros, Alejandro Janeo luchó contra sus propios compatriotas durante seis años, con el resultado de que en ese conflicto

▲ Cueva IV de Qumrán: en esta cueva se hallaron numerosos fragmentos de los manuscritos del mar Muerto.

murieron casi 50000 judíos. En un momento dado crucificó a 800 fariseos. Este trágico incidente ilustra el hecho de que el conflicto entre saduceos y fariseos, evidente en las páginas del Nuevo Testamento, era más que una disputa teológica; su historia se ve puntuada por episodios de vida o muerte literales.

Alejandro Janeo se dio cuenta de que los fariseos gozaban del respaldo popular, y en su lecho de muerte ordenó a su esposa, Salomé Alejandra, que firmara la paz con ellos. Tras la muerte de su esposo, Salomé Alejandra se hizo con el gobierno civil (76-67 a. C.). Nombró sumo sacerdote al hijo de Alejandro Janeo, Hircano II. Firmó la paz con los fariseos, y su gobierno se caracterizó por la tranquilidad. Sin embargo, se produjeron fricciones cuando el hijo más joven de Alejandro Janeo, Aristóbulo II, quiso que le nombrase sumo sacerdote.

Tras la muerte de Salomé Alejandra, los dos hermanos asmoneos prosiguieron con su enfrentamiento. Solo lo resolvió Pompeyo, que decidió poner fin a la intriga. En 63 a. C., tras un asedio de tres meses de la zona del templo, los soldados romanos entraron en él y mataron a 12000 judíos. Pompeyo reinstauró a Hircano II como sumo sacerdote (63-40 a. C.), aunque con unos poderes mucho más limitados; ahora Judea y Jerusalén estaban más sometidas al control romano. Así, en 63 a. C. el estado asmoneo, independiente desde 142 a. C., dejó de existir oficialmente.

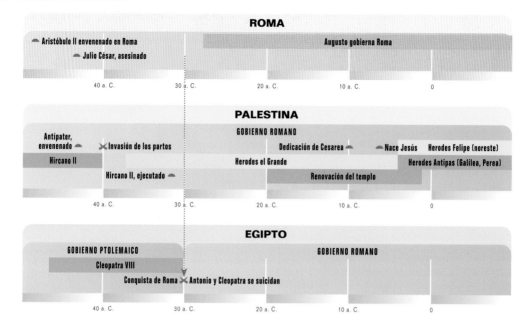

ROMA

◄ Aristóbulo II envenenado en Roma   Augusto gobierna Roma
◄ Julio César, asesinado

40 a. C.   30 a. C.   20 a. C.   10 a. C.   0

PALESTINA

Antípater,   GOBIERNO ROMANO
envenenado ◄   ✕ Invasión de los partos   Dedicación de Cesarea ◄   ◄ Nace Jesús   Herodes Felipe (noreste)
Hircano II   Herodes el Grande   Herodes Antipas (Galilea, Perea)
Hircano II, ejecutado ◄   Renovación del templo

40 a. C.   30 a. C.   20 a. C.   10 a. C.   0

EGIPTO

GOBIERNO PTOLEMAICO   GOBIERNO ROMANO
Cleopatra VIII
Conquista de Roma ✕ Antonio y Cleopatra se suicidan

40 a. C.   30 a. C.   20 a. C.   10 a. C.   0

17 LOS INICIOS DEL IMPERIO ROMANO EN PALESTINA

Cuando Pompeyo se retiró de Oriente Próximo, dejó tras él a un procónsul para gobernar la provincia de Siria, de la que formaba parte Judea. Así, la esfera de control judío se vio muy reducida. A lo largo de la costa mediterránea, las ciudades gozaron de un estatus autónomo bajo el mando del procónsul. Incluso el puerto judío de Jope quedó separado de Judea.

Las ciudades grecorromanas al este del río Jordán, junto con Escitópolis al este, también se vieron libres del control judío, y se invitó a sus poblaciones gentiles (grupos exiliados por los macabeos y los asmoneos) a que regresaran. Algunas de esas ciudades se aliaron formando una liga llamada la Decápolis ("las diez ciudades"). El territorio judío quedó limitado solo a Judea, el este de Idumea, Perea y una porción de Galilea.

Los romanos nombraron sumo sacerdote a Hircano II (63-40 a. C.), dejándole a cargo de los asuntos judíos. Durante esta época el Imperio romano se vio acosado por disturbios civiles, que empezaron cuando Julio César cruzó el Rubicón en 49 a. C. En 48 a. C., César estaba ganándole la partida a Pompeyo, persiguiéndole hasta Egipto. Hircano II apoyó a César y ordenó a los judíos de Egipto que hicieran lo mismo. Además, Antípater el idumeo, el poder tras Hircano, también apoyaba a César. Como resultado, César confirmó a Hircano II como sumo sacerdote y etnarca y nombró procurador a Antípater. Este nombró a sus hijos Fasael y Herodes gobernadores en Jerusalén y Galilea.

En 44 a. C. Julio César fue asesinado, y se reinició la guerra civil en Roma. En 42 a. C., Antonio se hizo con los territorios romanos en Asia, pero en 40 a. C. los partos invadieron Palestina y pusieron al asmoneo Antígono II como rey y sumo sacerdote en Jerusalén; Hircano II fue llevado prisionero a Partia. Herodes huyó a la fortaleza de Masada, pero al final fue

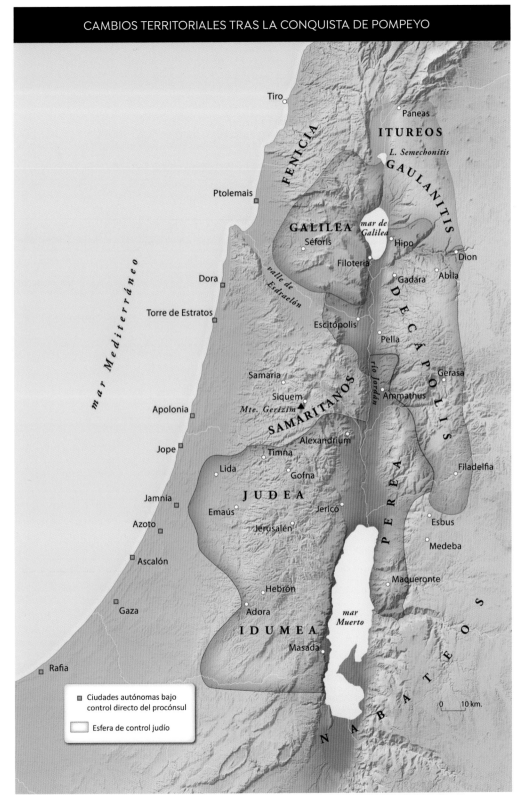

CAMBIOS TERRITORIALES TRAS LA CONQUISTA DE POMPEYO

Tiro

Paneas

ITUREOS

L. Semechonitis

FENICIA

GAULANITIS

Ptolemais

GALILEA *mar de Galilea*

Séforis

Hipo

Dion

Filoteria

Gadara Abila

Dora

DECÁPOLIS

valle de Esdraelón

Torre de Estratos

Escitópolis

Pella

río Jordán

Samaria

Gerasa

Siquem

Ammathus

Mte. Gerizim

Apolonia

SAMARITANOS

Alexandrium

Jope

Timna

Lida

Filadelfia

Gofna

JUDEA

Jamnia

Jericó

Emaús

Esbus

Azoto

Jerusalén

Medeba

PEREA

Ascalón

Maqueronte

Hebrón

Gaza

Adora

mar Muerto

IDUMEA

Masada

NABATEOS

Rafia

mar Mediterráneo

▣ Ciudades autónomas bajo
control directo del procónsul

☐ Esfera de control judío

0   10 km.

EL REINO DE HERODES EL GRANDE

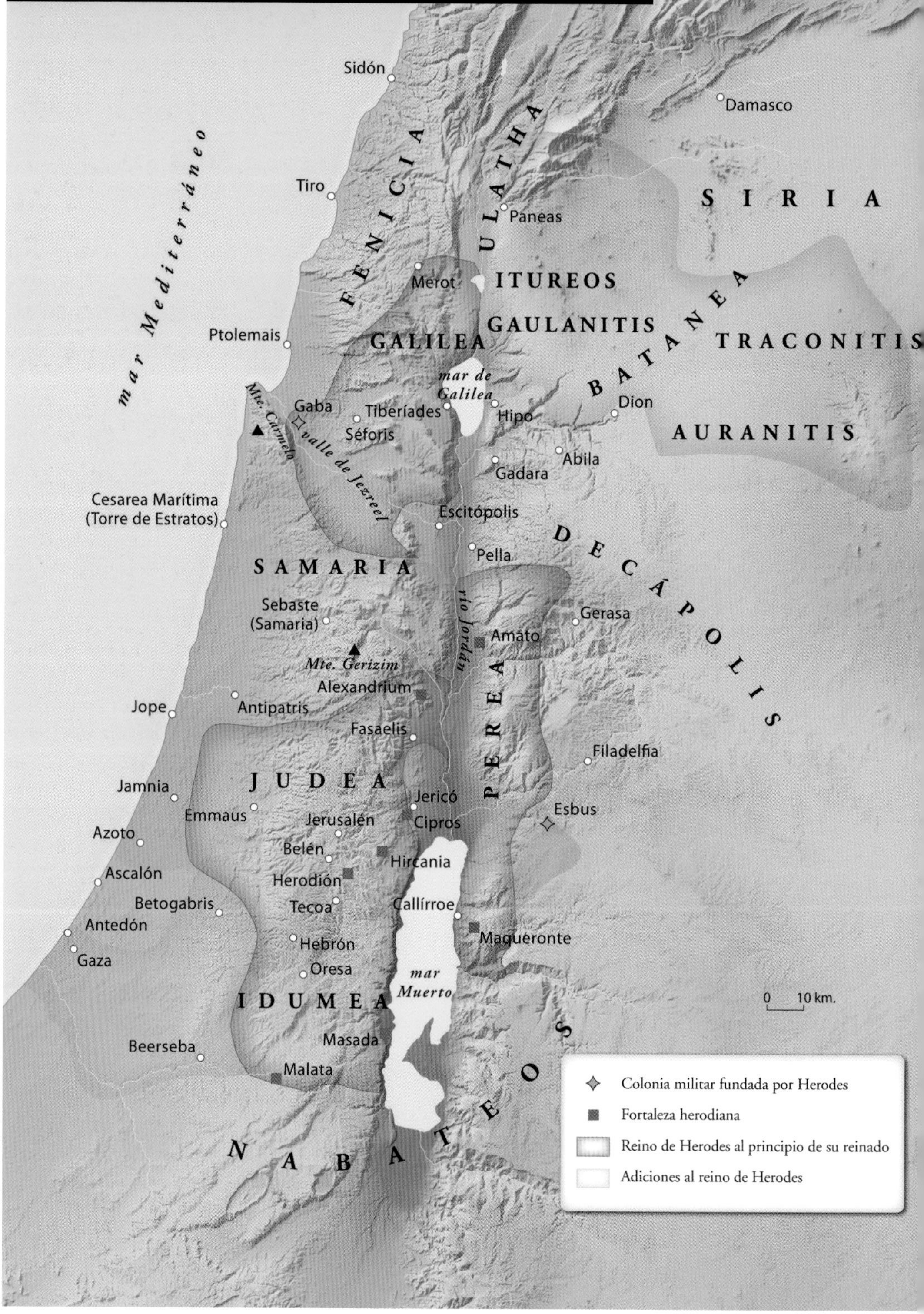

mar Mediterráneo

Sidón

Damasco

Tiro

S I R I A

FENICIA

ULATHA

Paneas

Merot

ITUREOS

Ptolemais

GAULANITIS

BATANEA

TRACONITIS

GALILEA

mar de Galilea

Mte. Carmelo

Gaba

Tiberíades

Hipo

Dion

AURANITIS

Séforis

valle de Jezreel

Abila

Gadara

Cesarea Marítima
(Torre de Estratos)

Escitópolis

DECÁPOLIS

Pella

SAMARIA

río Jordán

Sebaste
(Samaria)

Gerasa

Amato

Mte. Gerizim

Alexandrium

PEREA

Jope

Antipatris

Fasaelis

Filadelfia

Jamnia

JUDEA

Jericó

Esbus

Emmaus

Jerusalén

Cipros

Azoto

Belén

Hircania

Ascalón

Herodión

Callírroe

Betogabris

Tecoa

Antedón

Maqueronte

Hebrón

Gaza

Oresa

mar
Muerto

IDUMEA

NABATEOS

Beerseba

Masada

Malata

0   10 km.

◆ Colonia militar fundada por Herodes

■ Fortaleza herodiana

Reino de Herodes al principio de su reinado

Adiciones al reino de Herodes

© Atlas Esencial de la Biblia CLIE

a Roma, donde recibió una cálida bienvenida por parte de Octavio y Antonio, quienes convencieron al senado de que le nombrasen rey de Judea y que añadieran a sus dominios Samaria e Idumea occidental.

De 40 a 37 a. C. Herodes luchó por hacerse con el control del territorio que los romanos le habían concedido. Empezó capturando la ciudad portuaria de Jope. Luego avanzó contra Antígono II en Jerusalén, aunque su primer intento por capturar la ciudad fue fallido. Durante el invierno de 39/38 a. C. sometió a Galilea. Tras engrosar sus fuerzas, puso sitio a Jerusalén en invierno de 38/37 a. C., y conquistó la ciudad al verano siguiente.

Entre 37 y 25 a. C., Herodes consolidó su reino. Internamente se enfrentaba a la oposición de los fariseos, de supervivientes de la familia asmonea y de sectores del pueblo llano y de la aristocracia. Herodes, descendiente de idumeos, nunca fue aceptado por la población judía en general como un judío autentico. En un intento de legitimar su demanda del trono, Herodes se casó con la asmonea Mariana. La madre de esta, Alejandra, logró introducir a los asmoneos en la estructura político-religiosa del gobierno al lograr que su hijo Aristóbulo, de 17 años, fuera nombrado sumo sacerdote.

El pueblo le consideró un sustituto judío legítimo para Herodes. Furioso, Herodes dispuso que algunos de sus amigos retuvieran al joven Aristóbulo debajo del agua demasiado tiempo mientras nadaban en uno de los estanques de Jericó. A pesar de la presunta tristeza de Herodes por la muerte "accidental" de Aristóbulo, es bien sabido que fue el instigador del crimen. Al final, Herodes también eliminó a Mariana, a su madre y a Hircano, ya anciano.

▲ Maqueta del templo de Jerusalén que Herodes el Grande redecoró y que estaba en pie en tiempos de Jesús, hasta su destrucción a manos de los romanos en 70 d. C.

En 25 a. C. ya había desaparecido la mayoría de amenazas internas para su reinado.

Externamente, Herodes se enfrentaba a una amenaza formidable por parte de Cleopatra, en Egipto, quien deseaba revivir el Imperio ptolemaico incluyendo en él Palestina y Arabia. Marco Antonio, su amante y señor de oriente, estuvo de acuerdo y, en el año 35 a. C., le entregó grandes porciones del territorio de Herodes y de Arabia. Pero en 31 a. C. Marco Antonio fue derrotado por Octavio en Actio, y él y Cleopatra se suicidaron antes que enfrentarse a la ira de Roma.

Mientras Marco Antonio y Cleopatra perdían poder, Herodes cambió hábilmente sus lealtades, de Marco Antonio a Octavio, de modo que cuando este último salió victorioso, Herodes recibió de nuevo los territorios y ciudades que había perdido ante Cleopatra. Es decir, que salió de la crisis siendo más fuerte que antes. De 25 a 14 a. C., Herodes añadió nuevos territorios a su reino.

Después Herodes recurrió a una serie de medidas para consolidar su reino. Estableció como mínimo dos colonias militares: una

EL IMPERIO ROMANO ANTIGUO

BRITANNIA

BELGICA

LUGDUNENSIS

Oceanus
Atlanticus

NORICUM
RAETIA
AQUITANIANENSIS
ALPES
NARBONENSIS
GALLIA
VENETIA
PANNONIA
DACIA

río Rubicón
ILLIRICUM
(DALMATIA) MOESIA
TARRACONENSIS
GALLAECIA
CORSICA
ITALIA
Rome
TRACIA
Pontus Euxinus
LUSITANIA
SARDINIA
MACEDONIA
BITHINIA
ARMENIA
BAETICA
Pergamum
GALATIA
CAPADOCIA
Actium
ASIA LICAONIA
COMMAGENE
ACHAIA
PANFILIA CILICIA
PARTIA
MAURETANIA
AFRICA
LICIA
NUMIDIA
mare Internum
CRETA
SYRIA
FENICIA
PROCONSULARIS
CIRENAICA
JUDAEA
Alexandría
Pelusium

mare Caspium

AEGYPTUS

0   300 km.

mar Rojo

Bajo control romano en 100 a. C.

Bajo control romano a la muerte de Julio César, 44 a. C.

Zona de gobierno directo romano a la muerte de Augusto, 14 d. C.

Área añadida desde Augusto hasta ca. 150 d. C.

en Gabá y otra en Esbus (=Hesbón). También construyó o reconstruyó una línea de fortalezas repartidas por todo el reino, que usó para controlar los territorios cercanos y que sirvieron como lugares seguros por si Herodes tuviera que huir (p. e., Masada) o como cárceles.

Herodes procuró también neutralizar la amenaza potencial que suponía la población judía, y lo hizo al construir o reconstruir ciudades según las líneas grecorromanas y poblándolas de gentiles (p. e., Samaria, a la

▼ Herodión: patio interior de palacio de recreo de Herodes el Grande. Destaca la gran torre circular oriental. El patio estaba rodeado de habitaciones.

que rebautizó Sebaste, el nombre griego del emperador Augusto). Dado que Herodes dominaba ya la mayor parte de la costa mediterránea, procedió a construir un puerto seguro para sí mismo, desde el que pudiera mantener un contacto constante con Roma y exportar grano a esa ciudad. Eligió un desembarcadero llamado Torre de Estratos, justo al sur del monte Carmelo.

La Torre de Estratos estaba bien situada, dado que un paso practicable a través de la cadena montañosa del Carmelo la conectaba con el valle de Jezreel y con las fértiles áreas agrícolas al noreste del mar de Galilea. Allí Herodes construyó Cesarea Marítima, con un nombre que honraba al emperador. Usando túneles y acueductos la dotó de suministro de agua proveniente de fuentes situadas al pie del monte Carmelo, y construyó un enorme puerto y otros edificios públicos magníficos. La importancia de Cesarea siguió aumentando y pronto se convirtió en la capital del país, posición que mantuvo durante casi 600 años.

Herodes prestó mucha atención a Jerusalén e invirtió mucha energía en ella. En 20 a. C.

▲ Herodión: a 11 km al sur de Jerusalén. Combinación de palacio de recreo, fuerte y mausoleo, construido por Herodes el Grande.

empezó a reconstruir el área del templo (ver p. 146). Pensando siempre en la seguridad, Herodes fortaleció la fortaleza Antonia, que se cernía sobre todos los recintos del templo. Edificó para sí mismo un fabuloso palacio en la colina occidental, y fortificó el acceso hasta él desde el norte construyendo tres enormes torres, llamadas Hípico (en honor a un amigo), Fasael (su hermano) y Mariana (su amada esposa, a la que había ejecutado). La base colosal de una de las torres aún se conserva en el complejo moderno de la ciudadela, justo al sur de la puerta de Jaffa.

Durante el último periodo del gobierno de Herodes (15 a. C. -4 a. C.), su principal inquietud era la sucesión. Durante esta época de intrigas, maquinaciones, injurias y duplicidad, Herodes dictó como mínimo seis testamentos; en cada uno de ellos su heredero era uno de sus hijos, nunca el mismo. No es de extrañar que cuando los astrólogos de oriente se presentaron en Jerusalén preguntando "¿Dónde está el rey de los judíos, que ha nacido?" (Mt. 2:2), "oyendo esto, el rey Herodes se turbó, y toda Jerusalén con él" (2:3). Su matanza de los niños de Belén para erradicar una posible amenaza a su trono (vs. 16-18) encaja sin duda con su carácter.

La salud de Herodes comenzó a deteriorarse rápidamente, y murió en Jericó en primavera de 4 a. C. Aunque la población judía se alegró de su muerte, su familia y sus soldados le hicieron un lujoso funeral, llevando su cuerpo con gran pompa en un ataúd de oro tachonado de gemas desde Jericó hasta su mausoleo en el Herodión. Dejó tras él un reino económica y materialmente próspero, pero también había gobernado usando el terror, sembrando así una gran insatisfacción. Para algunos fue Herodes el Grande, y para otros Herodes el Despreciable.

▼ Herodión: monumento fundacional recientemente descubierto en la tumba de Herodes el Grande.

SECCIÓN HISTÓRICA

ROMA

| Augusto | Tiberio |

5 a. C.　0　5 d.C.　10 d.C.　15 d.C.　20 d.C.　25 d.C.　30 d.C.　35 d.C.

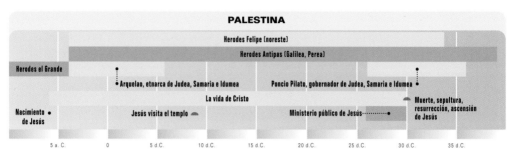

PALESTINA

Herodes Felipe (noreste)

Herodes Antipas (Galilea, Perea)

Herodes el Grande

Arquelao, etnarca de Judea, Samaria e Idumea

Poncio Pilato, gobernador de Judea, Samaria e Idumea

La vida de Cristo

Nacimiento de Jesús

Jesús visita el templo

Ministerio público de Jesús

Muerte, sepultura, resurrección, ascensión de Jesús

5 a. C.　0　5 d.C.　10 d.C.　15 d.C.　20 d.C.　25 d.C.　30 d.C.　35 d.C.

18 LA VIDA DE CRISTO

En su sexto y último testamento, Herodes designaba a Arquelao como rey de Idumea, Judea y Samaria; a Antipas como gobernador de Galilea y Perea, y a Felipe como gobernador de las tierras al noreste del mar de Galilea. Sin embargo, los romanos no dieron a Arquelao el título de rey, sino de "etnarca" (que significa "gobernador de la nación"). El reinado de diez años de Arquelao (4 a. C. -6 d. C.) fue brutal. No es de extrañar que cuando María, José y el pequeño Jesús volvieron de Egipto evitasen regresar a Judea, porque habían oído que Arquelao gobernaba en lugar de su padre (Mt. 2:19-23). En lugar de eso, siguieron camino hasta Galilea y se instalaron en la aldea de Nazaret.

Herodes Antipas (4 a. C. - 39 d. C.) gobernó Galilea y Perea. Cada uno de estos territorios tenía un gran número de judíos. El área al noroeste del mar de Galilea tenía una altura mayor, y se la llamaba Galilea Superior. Al sur, la Galilea Inferior estaba mucho más abierta a las influencias externas, y sus valles anchos y espaciosos ofrecían una tierra propicia para el cultivo de gramíneas.

▲ Nazaret: Iglesia de la Anunciación, rodeada por las colinas en torno a la ciudad.

▼ Reproducción a escala real del barco galileo excavado. Esta embarcación multifuncional podía llevar un máximo de 15 pasajeros.

Mientras Jesús crecía, Antipas estaba construyendo la nueva capital en Séforis (3 a. C. -10 d. C.), ciudad que pudo tener unos 5000 habitantes. Esta ciudad se hallaba junto a valiosas tierras de labrantío, y estaba cerca de una importante ruta este-oeste que conectaba las ciudades del área con el puerto de Ptolemais.

Jesús se crio en la pequeña aldea de Nazaret, a solo 5, 6 km al sudeste de Séforis. Aunque la propia Nazaret es pequeña, seguramente sus residentes entraron en contacto con caravanas y comerciantes gentiles que hablaban griego, y que pasaban por Séforis al norte o por la llanura de Esdrelón (=valle de Jezreel en el AT) en el sur.

Cuando Jesús empezó su ministerio, sobre los 30 años de edad, pasó mucho más tiempo en la Galilea Inferior que en la Superior (mapa p. 117). Ministró en Caná de Galilea, convirtiendo el agua en vino y sanando al hijo de un oficial romano (Jn. 2:1-11; 4:43-54). Se han sugerido dos lugares para Caná: Khirbet Qana (a 13 km al norte de Nazaret) y Kafr Kanna (a 8 km al noreste de Nazaret).

Hay unos 19 km desde Caná al mar de Galilea; es un trayecto de unas seis horas. Allí, junto a la costa del norte, Jesús pasó buena parte de su ministerio público. La ciudad más grande junto al lago era la ciudad recién construida Tiberíades, que Herodes Antipas convirtió en su capital (18-22 d. C.; Josefo, Ant. 18.2.3 [36-38]). En Juan 6:1 y 21:1, al mar de Galilea se le llama (lit.) "el mar de Tiberíades", y en cierta ocasión unas barcas procedentes de ese lugar llegaron con pasajeros que querían ver a Jesús (6:23).

A 6, 5 km al norte de Tiberíades, en la costa occidental del mar, se encuentra la posible localización de Magdala (Mt. 15:39; Mr. 8:10 la llama "Dalmanuta"). Jesús la visitó después de alimentar a los 4000 al otro lado del lago. Saliendo de Magdala, a 9, 5 km en el sentido de las agujas del reloj y siguiendo la costa del norte del mar de Galilea encontramos Cafarnaún. Aparte de Jerusalén, esta es la ciudad más importante mencionada en los Evangelios, porque fue la sede de las actividades de Jesús durante la mayor parte de su ministerio público. Varios de sus discípulos eran de Cafarnaún (Mr. 1:21; 29). Probablemente vivían sobre todo de la pesca.

LA DIVISIÓN DEL REINO DE HERODES

Cafarnaún estaba en una ruta internacional que iba del mar Mediterráneo a Transjordania y Damasco, y había una estación aduanera, en la que seguramente trabajó Mateo (Mt. 9:9). La ciudad era lo bastante importante como para que en ella estuvieran estacionados un centurión romano y sus tropas (8:5-9). En Cafarnaún Jesús sanó a muchas personas, incluyendo a un siervo de un centurión (Mt. 8:5-13), al paralítico al que bajaron por un agujero del techo (Mr. 2:1-12), a la suegra de Pedro (1:29-31) y al hijo de un oficial del rey (Jn. 4:46).

Los franciscanos, que ahora son propietarios de buena parte del yacimiento de Cafarnaún, han excavado una hermosa sinagoga de piedra caliza del siglo VI d. C.; debajo de ella descubrieron los enormes muros que servían de cimiento a una sinagoga que la precedió, hecha de basalto negro. Seguramente esa sinagoga anterior se remonta a los tiempos de Jesús, y fue en la que él predicó estando en Cafarnaún. La presencia temprana de los cristianos en la zona es evidente gracias a los restos de varias iglesias que se construyeron sobre una casa, que se piensa que pudo ser la de Pedro.

Aunque resulta difícil señalar la situación exacta de muchas de las actividades de Jesús en la zona rural cercana, hacia el siglo IV la tradición cristiana había localizado el lugar del sermón del Monte (Mt. 5 – 7), donde se alimentó a los 5000 (14:13-21) y donde se apareció a sus discípulos el Señor resucitado (Jn. 21), cerca del lugar de las siete fuentes, Heptápigon (Tabgha). Es cierto que esta podría ser la zona donde se produjeron esos sucesos, aunque

JESÚS EN GALILEA

mar Mediterráneo

Tiro

Dan (Antioquía)
Dafne
Cesarea de Filipo

ALTA GALILEA
Cadasa
Giscala
Mte. Merón
Baca

H. Omrit
A Damasco →

Ptolemais
Beerseba
Tella

Gabara
Corazin
Julias (Betsaida?)

Genesaret
Betsaida? (en Galilea?)

Asoquis
Caná
BAJA GALILEA
Capernaúm
Heptapegon

Séforis
Dalmanuta, Tariquea (Magadán) (Magdala)
llano de Genesaret
Gergesa

Qafr-qana
Tiberíades
Hipo

Nazaret
mar de Galilea

Jafia
Senabris

Mte. Tabor
Filoteria

Naín
Emmata

Monte Moria
río Jordán
Gadara

Agripina
Mte. Agripina

Puntos mencionados en el Nuevo Testamento

DECÁPOLIS

▲ Muro fundacional de basalto negro de una sinagoga anterior, sobre la que es visible el muro de caliza reconstruido de la sinagoga del siglo VI en Cafarnaúm.

▲ "Cala del sembrador" (Mt. 13:1-2), en la costa noroccidental del mar de Galilea.

▼ Vista de llano de Genesaret y del monte Arbel, desde el monte de las Bienaventuranzas.

seguramente la alimentación de los 5000 tuvo lugar al noreste del mar de Galilea. Entre Cafarnaún y Tabgha hay en la costa una pequeña ensenada (llamada cala del Sembrador), que tiene la forma de un teatro natural, y que pudo ser el lugar donde Jesús "les habló muchas cosas por parábolas" desde una barca (Mt. 13:2-3).

Otro pueblo importante que visitó Jesús es Betsaida. Su posible situación se encuentra en el montículo llamado Et-Tell, situado al este del río Jordán y a unos 2, 5 km antes de que este desemboque en el mar de Galilea. Esta ciudad la edificó Felipe, hijo de Herodes el Grande, que la llamó Julias, en honor a la hija de Augusto. Sin embargo, había otra Betsaida "en Galilea" (Jn. 12:21). Esta última se ha identificado provisionalmente con Araj, situada cerca de la costa del mar de Galilea. Betsaida fue el primer hogar de Pedro, Andrés y Felipe (1:44; 12:21). Allí fue sanado un ciego (Mr. 8:22-26), y

en un lugar desierto cercano Jesús alimentó a 4000 personas.

Al noreste de Betsaida estaba el territorio de Felipe. En el siglo I la mayor parte de esa zona estaba habitada por gentiles, y no parece que Jesús pasara mucho tiempo allí. Sin embargo, al menos en una ocasión viajó con sus discípulos hasta cerca de Cesarea de Filipos, a unos 40 km al norte de Betsaida. Allí, en la fuente del Jordán, Herodes el Grande había construido un templo de mármol blanco en honor del emperador; y allí su sucesor, Felipe, edificó una gran ciudad a la que puso el nombre de aquel, añadiendo su propio nombre.

Felipe hizo de Cesarea de Filipos la capital de su territorio, y debió ser una ciudad próspera, porque estaba situada junto al camino que llevaba de Damasco a Tiro y a Sidón. Fue cerca de aquí donde Pedro hizo su "gran confesión", afirmando que creía que Jesús era "el Cristo, el hijo del Dios viviente" (Mt. 16:13-20). Poco después Jesús fue transfigurado en presencia de Pedro, Jacobo y Juan (Mt. 17:1-8; Mr. 9:2-8; Lc. 9:28-36). Es posible que la transfiguración también se produjera en esta región, quizá en el monte Hermón.

Al sur del territorio de Felipe había una región que llegó a conocerse como Decápolis, un grupo de diez ciudades grecorromanas (de aquí el nombre Decápolis, que significa "diez ciudades"), aunque en años posteriores a menudo incluyó más de diez ciudades. En cierta ocasión Jesús sanó a dos hombres poseídos (Mt. 8:28), uno de los cuales fue a Decápolis para contar todo lo que Jesús había hecho

▲ Santuario de Pan excavado en la roca, en Cesarea de Filipos, cerca de donde Pedro afirmó que Jesús era el Mesías (Mt. 16).

▼ Desierto de Judá al este de Jerusalén. Jesús ayunó cuarenta días en esta zona, y la atravesó cuando fue de Jericó a Jerusalén.

por él (Mr. 5:20). Este milagro se sitúa cerca de Gadara (la moderna Umm Qais; ver Mt. 8:28) porque es la ubicación más plausible (aunque veamos también Mr. 5:1, que se refiere a Gerasa, mucho más al sur), dado que está a solo 9,5 km al sureste del mar.

Al sur y al oeste de Decápolis estaba la región llamada Perea. Esta es una forma acortada de una expresión griega que se puede traducir como "al otro lado del Jordán" o "regiones más allá del Jordán". Herodes Antipas recibió este territorio y lo controló junto con Galilea. A Perea, Galilea y Judea se las llama "las tres provincias judías" en la Misná (escrita en torno a 200 d. C.).

Jesús ministró en Perea, dado que Lucas 9:51 – 18:34 sitúa allí varios sucesos. Juan bautizaba "en Betábara, al otro lado del Jordán" o "las regiones al otro lado del Jordán" (Jn. 1:28). Es difícil localizar con precisión esa Betábara o Betsaida, pero podría haber estado cerca de Betenabris o en un punto más cercano al Jordán. Más adelante, el escritor del Evangelio señala que Juan "bautizaba también en Enón, junto a Salim, porque había allí muchas aguas" (3:23). Este Enón ("fuentes") también es difícil de identificar, pero la mejor ubicación lo sitúa en/cerca del valle del Jordán cerca de Salem. Esto emplaza la actividad de Juan en Decápolis, justo fuera del alcance de Herodes Antipas (a quien había irritado su

EL MINISTERIO DE JESÚS: DE SIDÓN A JERUSALÉN

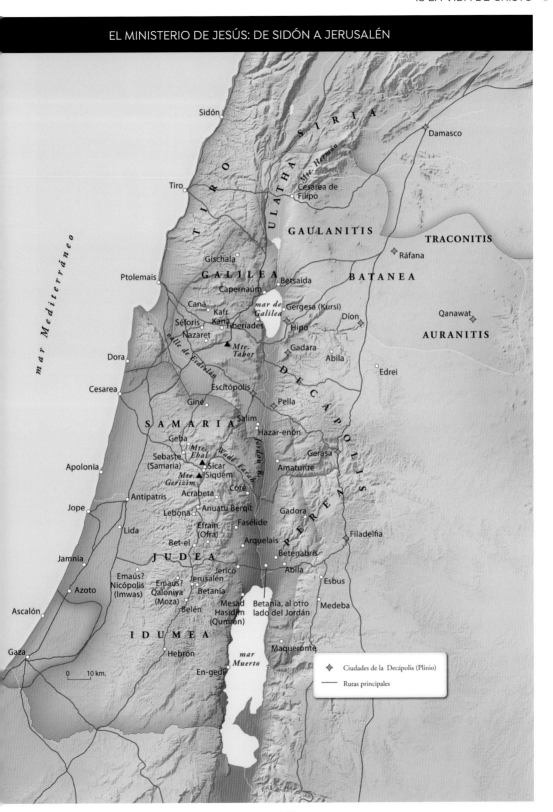

mar Mediterráneo

Sidón

Damasco

Mte. Hermón

Tiro

Cesarea de Filipo

T I R O

U L A T H A

S I R I A

G A U L A N I T I S

TRACONITIS

Gischala

◇ Ráfana

G A L I L E A

Betsaida

B A T A N E A

Ptolemais

Capernaúm

Caná

mar de Galilea

Gergesá (Kursi)

Qanawat ◇

Kafr Kaná

Séforis

Díon

Tiberíades

Hipo

A U R A N I T I S

Nazaret

▲ *Mte. Tabor*

Gadara

Abila

Dora

Edrei

valle de Esdrelón

Cesarea

Escitópolis

Pella

D E C Á P O L I S

Giné

Salim

S A M A R I A

Hazar-enón

Geba

Gerasa

Mte. Ebal

Wadi Farah

Sebaste (Samaria)

▲ Sicar

Amatunte

Mte. Gerizim

▲ Siquém

P E R E A

Apolonia

Jordán R.

Antipatris

Acrabeta

Coré

Jope

Anuatu Berqit

Gadora

Lebona

Fasélide

Lida

Efraín (Ofra)

Bet-el

Arquelais

Filadelfia

Betenabris

Jamnia

J U D E A

Jericó

Abila

Emaús? Nicópolis (Imwas)

Emaús? Qaloniya (Moza)

Jerusalén

Esbus

Azoto

Betania

Ascalón

Belén

Mesad Hasidim (Qumrán)

Betania, al otro lado del Jordán

Medeba

I D U M E A

mar Muerto

Maqueronte

Gaza

Hebrón

En-gedi

0   10 km.

◇ Ciudades de la Decápolis (Plinio)

—— Rutas principales

▲ Iglesia y olivar en la ubicación tradicional del huerto de Getsemaní, al pie de la falda occidental del monte de los Olivos.

predicación) y de Pilato (que le hubiera considerado un revolucionario).

Seguramente los judíos que vivían en Perea tenían estrecho contacto con Jerusalén, porque podían cruzar los vados del Jordán enfrente de Jericó y subir hacia la ciudad santa. En tiempos de Jesús los romanos controlaban Jericó, y sus acueductos, plantaciones, fortalezas, palacios y estanques se extendían por una amplia área. Jesús mencionó Jericó en la parábola del Buen Samaritano (Lc. 10:25-37), y pasó por ese lugar cuando iba de camino a Betania para resucitar a Lázaro de entre los muertos (Jn. 10:40 – 11:54). En Jericó dos ciegos (Mt. 20:29-34), incluyendo a Bartimeo (Mr. 10:46), fueron sanados, y Jesús también cenó allí con Zaqueo, el recaudador de impuestos (Lc. 19:1-10).

Desde Jericó había un camino muy frecuentado que llevaba a Jerusalén atravesando el desierto reseco y gredoso. Después de una caminata cuesta arriba de entre ocho y diez horas, el viajero se acercaba a las pendientes

orientales del monte de los Olivos. Allí estaba la aldea de Betania, hogar de María, Marta y Lázaro. Jesús estaba a menudo allí, y los eventos como la enseñanza de María, la resurrección de Lázaro y la unción con el bálsamo de gran precio se produjeron allí. Desde Betania/Betfagé Jesús montó en un pollino y entró en Jerusalén el domingo de Ramos. Durante la última semana de su vida, pasó varios días enseñando en Jerusalén, pero parece que regresó a Betania cada noche.

El territorio de Judea se extendía unos 56 km al norte de Jerusalén. Al principio del ministerio de Jesús esta fue seguramente la zona donde él y sus discípulos "fueron a la tierra de Judea" (Jn. 3:22). Más avanzado su ministerio, tras resucitar a Lázaro y descubrir el complot contra su vida, se retiró con sus discípulos a esa misma área, "a una ciudad llamada Efraín" (11:54).

Al norte de Judea se extendía el distrito de Samaria (mapa p. 121), que llegaba hasta la aldea de Giné. También este distrito estaba gobernado por el oficial romano Poncio Pilato. El distrito recibía su nombre por la antigua ciudad de Samara en el Antiguo Testamento (llamada entonces Sebaste), y los samaritanos dominaban grandes porciones de la zona. Había una ruta importante que atravesaba Samaria y que usaban algunos habitantes judíos de Galilea en sus peregrinajes a y desde Jerusalén (Josefo, Ant. 20.6.1 [118]). Seguramente recorrer esta porción llevaba tres días. Los galileos que se dirigían al sur cruzaban el valle de Esdrelón y entraban en Samaria por Giné. Es probable que fuese aquí, "pasando entre Samaria y Galilea" (Lc. 17:11), donde Jesús sanó a diez leprosos, uno de los cuales era samaritano (vs. 12-19).

Entonces los peregrinos judíos continuaban hacia el sur desde Giné hacia Siquem, y es posible que hicieran noche en el área de Geba. Es dudoso que pernoctasen en hogares de samaritanos o de gentiles, de modo que seguramente acampaban al aire libre. Desde Geba los peregrinos seguían al sur, pasando junto a los montes Ebal y Gerizim. Seguramente entraban en la Judea judía antes de detenerse a pasar la noche, posiblemente en la región de el-Lubban (=AT Lebona). El último día de su viaje entraban ya en Jerusalén.

En cierta ocasión Jesús, dirigiéndose al norte, se detuvo junto al "pozo de Jacob" cerca de la ciudad de Sicar (la moderna Askar) al mediodía (Jn. 4:4-6); es un punto a medio día de camino al norte desde la parada para pernoctar en el-Lubban. Allí, cerca del pie de la montaña sagrada para los samaritanos, el monte Gerizim, guio a la mujer samaritana a la verdadera fuente de agua viva de modo que ella, y otros como ella, pudieran adorar a Dios en espíritu y en verdad (vs. 4-42).

Solo hay un episodio de los Evangelios que se produzca al oeste de Jerusalén. Se trata de la aparición a los dos discípulos en el camino a Emaús (Lc. 24:13-35). Según los mejores manuscritos griegos, Emaús estaba a 60 estadios (ca. 11, 3 km) de Jerusalén. Una posible ubicación está cerca de la moderna Qalunya/Motza, un lugar a casi 6 km de Jerusalén en la calzada romana que conduce a Jope (mapa p. 121). Si es así, la distancia de Lucas 24:13 es la que hay entre Jerusalén y Emaús en ambos sentidos, es decir, un viaje de ida y vuelta.

Otra posible localización para la Emaús bíblica es la ciudad de Emaús/Nicópolis. El nombre de la antigua ciudad se conservó en la aldea árabe hoy destruida de Imwas, que daba sobre el valle de Ayalon. Pero este lugar se halla a 30 km de Jerusalén (pero recordemos que un importante manuscrito griego dice "160 estadios" [ca. 33 km]).

Fue de vuelta en el área de Jerusalén, en el monte de los Olivos, donde Jesús ascendió a los cielos (para los últimos días de Jesús en Jerusalén, ver p. 150). Es increíble reflexionar sobre la importancia trascendental del mensaje y de la obra de este profeta itinerante judío del siglo I, sobre todo cuando pensamos que solo ministró tres o cuatro años, que dejó tras de sí solo un pequeño grupo de seguidores leales, y que su ministerio quedó limitado sobre todo a una provincia bastante pequeña del Imperio romano. Pero los escritores del Nuevo Testamento quisieron dejar muy claro que si todas las naciones iban a ser bendecidas, no sería gracias al poder de Herodes o de los emperadores romanos, sino a Jesús (Gn. 12:3; Gá. 3:6-15).

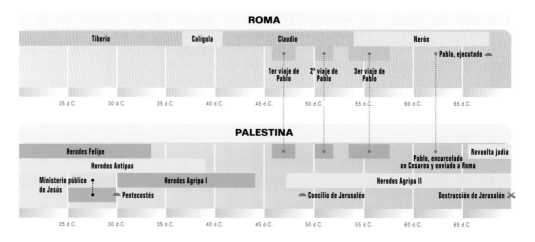

ROMA

Tiberio	Calígula	Claudio	Nerón

1er viaje de Pablo · 2° viaje de Pablo · 3er viaje de Pablo · Pablo, ejecutado

25 d.C. · 30 d.C. · 35 d.C. · 40 d.C. · 45 d.C. · 50 d.C. · 55 d.C. · 60 d.C. · 65 d.C.

PALESTINA

Herodes Felipe — Revuelta judía

Herodes Antipas — Pablo, encarcelado en Cesarea y enviado a Roma

Ministerio público de Jesús — Herodes Agripa I — Herodes Agripa II

Pentecostés — Concilio de Jerusalén — Destrucción de Jerusalén

25 d.C. · 30 d.C. · 35 d.C. · 40 d.C. · 45 d.C. · 50 d.C. · 55 d.C. · 60 d.C. · 65 d.C.

19 LA EXPANSIÓN DE LA IGLESIA EN PALESTINA

Hechos describe el crecimiento del cristianismo desde sus inicios en Jerusalén, su expansión por Judea y Samaria y su propagación por el mundo romano (Hch. 1:8). Tras la ascensión de Jesús, los discípulos se reunieron en Jerusalén. Hechos 2 relata el derramamiento del Espíritu Santo sobre los discípulos durante la fiesta de las Semanas/Pentecostés. En aquella época Jerusalén estaba repleta de peregrinos judíos procedentes de todo el mundo romano, y muchos de ellos se convirtieron a la nueva fe.

La oposición a la Iglesia primitiva fue creciendo en Jerusalén a medida que más judíos que hablaban griego (helenistas) se unían a las filas de los seguidores de Jesús. Cuando la Iglesia de Jerusalén se fue extendiendo por toda Judea y Samaria (8:1), los creyentes compartieron su fe con otros. Por ejemplo, Felipe viajó a una ciudad en Samaria (8:5), donde se convirtieron personas. Ciertamente, incluso Pedro y Juan, que habían venido a orar por los nuevos conversos, predicaron voluntariamente el evangelio en aldeas samaritanas mientras hacían el viaje de regreso a Jerusalén (8:25).

Felipe también viajó al sur y al oeste de Jerusalén, en el camino de Belén a Betogabris.

Allí se encontró con un oficial etíope que iba en un carro leyendo el pasaje de Isaías 53. Después de que Felipe le explicase el significado del pasaje, el etíope creyó, fue bautizado y "siguió gozoso su camino" (vs. 26-39), llegando a Gaza y después al oeste, a África. Entonces Felipe se trasladó a los llanos filisteos (Azoto; 8:49), y al final se asentó en Cesarea (21:8).

▼ Jerusalén: calle pavimentada con tiendas, en el costado oeste del monte del Templo (muro vertical a la derecha). La acumulación de escombros son restos de la destrucción romana de Jerusalén en 70 d. C.

© **Atlas** *Esencial de la Biblia* **CLIE**

Pedro también estuvo activo en el área de la llanura costera, sanando a Eneas en Lida (Hch. 9:32-35) y resucitando a Tabita de los muertos (9:36-42) en Jope. Estando allí aceptó la invitación de ir a casa de Cornelio, un centurión que vivía en Cesarea. Cornelio y otros creyeron. Fue así como desde Cesarea el evangelio empezó a abrirse camino por el mundo gentil.

Entre tanto, la persecución de la Iglesia proseguía en Jerusalén y en Judea. Saulo, fariseo ardoroso que gozaba de autoridad oficial, viajó a Damasco para perseguir a los creyentes, pero cuando se le apareció el Señor resucitado, creyó (ver capítulo siguiente).

Cuando Jesús murió, Pilato era el gobernador romano de Idumea, Judea y Samaria, mientras que los hijos de Herodes el Grande, Antipas y Felipe, conservaban sus posiciones en el norte. Felipe murió en 34 d. C., y su territorio fue transferido a la provincia de Siria. Pero en 37 d. C. los distritos se escindieron de Siria cuando el emperador romano Calígula nombró a Herodes Agripa I (37-44 d. C.) gobernador del antiguo dominio de Felipe. Cuando en 39 d. C. Antipas cometió el error de pedir una mejora de su posición, fue desterrado a Galia, y Galilea y Perea fueron añadidas al reino de Herodes Agripa I.

En 41 d. C. el emperador Claudio, agradecido por la ayuda de Agripa para hacerse con el trono, añadió a sus territorios Samaria,

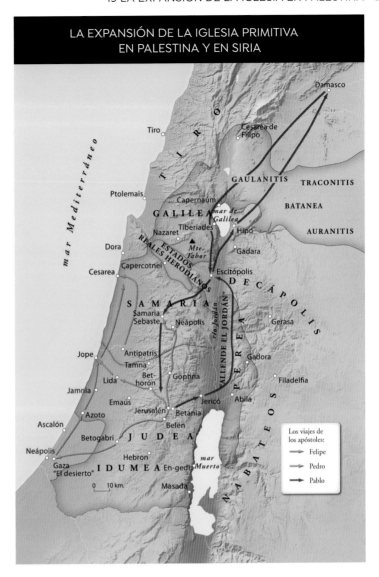

LA EXPANSIÓN DE LA IGLESIA PRIMITIVA EN PALESTINA Y EN SIRIA

Los viajes de los apóstoles:
→ Felipe
→ Pedro
→ Pablo

▼ Gamala: vista hacia el oeste-suroeste de la ciudad, donde murieron 9 000 judíos en su intento de defenderla contra los romanos, 67 d. C.

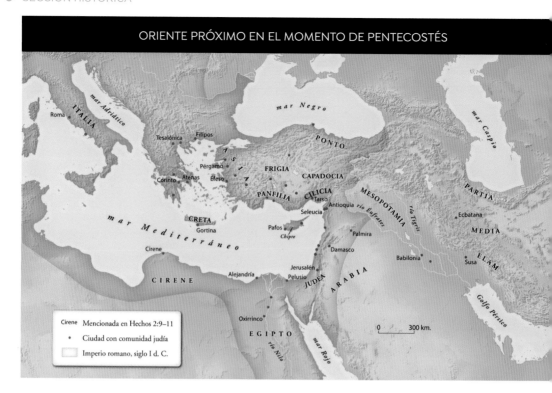

ORIENTE PRÓXIMO EN EL MOMENTO DE PENTECOSTÉS

Cirene   Mencionada en Hechos 2:9–11

•   Ciudad con comunidad judía

Imperio romano, siglo I d. C.

Judea e Idumea. Con estas adiciones, el reino de Agripa fue tan grande como el de su abuelo, Herodes el Grande. Sin embargo, en la cumbre de su poder Agripa se vio afectado por una enfermedad terminal, y murió en Cesarea en 44 d. C. (Hch. 12:19-23; Josefo, Ant. 19.8.2 [343-352]).

Tras la muerte de Agripa I en Cesarea en 44 d. C., buena parte de Palestina estuvo gobernada por procuradores ineptos y agresivos. Hubo varios grupos judíos que intentaron rebelarse, pero no tuvieron éxito. Entre tanto, los romanos dieron más y más territorios a Herodes Agripa II, de modo que en el momento de la revuelta judía (66-70 d. C.) controlaba Gaulanitis, Batanea, Auranitis, Traconitis y algunas porciones de Galilea.

Durante esta época Pablo estaba haciendo sus tres grandes viajes misioneros, tras cada uno de los cuales regresaba a Judea. Después de su tercer viaje fue encarcelado en Jerusalén, acusado de haber metido a un gentil en el área del templo. Como había un complot para matarlo, fue trasladado de noche a Cesarea pasando por Antipatris. Pablo pasó más de

dos años encarcelado en Cesarea, y durante ese tiempo se presentó ante dos procuradores, Félix y Festo, así como ante el rey judío en pleno ascenso, Agripa II. Al final, Pablo apeló a César.

Durante el mandato del gobernador romano Floro (64-66 d. C.), los judíos de toda Palestina se rebelaron. En Jerusalén se hicieron con el monte del Templo y la fortaleza Antonia, y al final del verano de 67 d. C. toda Jerusa-

▲ Inscripción griega hallada en Jerusalén, que prohibía a los gentiles entrar en los lugares más sagrados del templo; a Pablo lo acusaron de incumplir esta norma (Hch. 21:27-29).

lén estaba bajo control judío. Como respuesta, el legado romano de Siria marchó al sur con la duodécima legión, pero no consiguió reconquistar Jerusalén.

▲ Roma: arco de Tito a la entrada del foro, donde se representa la menorá expuesta en Roma después de la destrucción del templo de Jerusalén en 70 d. C.

Aunque las fuerzas rebeldes judías se enfrentaron a graves divisiones internas, se estableció un gobierno judío y comandancias militares. El emperador Nerón envió a su general Vespasiano para sofocar la revuelta. Vespasiano montó su cuartel general en Ptolemais. Su primer objetivo fue asegurar la parte norte del país. Después de reconquistar Séforis, puso sitio a la fortaleza de Jotapata. Aunque la mayor parte de la guarnición que la defendía murió, su comandante, Josefo, salvó la vida al rendirse a los romanos. Entonces Vespasiano reconquistó el área en torno al mar de Galilea. Hacia finales de 67 d. C. toda Galilea estaba bajo control romano.

Las tropas romanas avanzaron al sur a lo largo de la costa, capturando Jope, Jamnia y Azoto. Al este asegura-

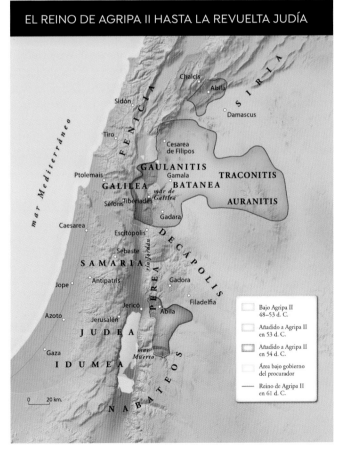

EL REINO DE AGRIPA II HASTA LA REVUELTA JUDÍA

Chalcis
Abila
Sidón
SIRIA
Damascus
Tiro
FENICIA
Cesarea de Filipos
mar Mediterráneo
Ptolemais
GAULANITIS
Gamala
TRACONITIS
GALILEA
BATANEA
mar de Galilea
Séforis Tiberíades
AURANITIS
Caesarea
Gadara
Escitópolis
DECÁPOLIS
Sebaste
SAMARIA
río Jordán
Jope
Antipatris
PEREA
Gadora
Jericó
Filadelfia
Azoto
Jerusalén
Abila
JUDEA
Gaza
mar Muerto
IDUMEA
NABATEOS

0   20 km.

Bajo Agripa II
48–53 d. C.

Añadido a Agripa II
en 53 d. C.

Añadido a Agripa II
en 54 d. C.

Área bajo gobierno
del procurador

Reino de Agripa II
en 61 d. C.

London, British Museum

▲ Cabeza de Tito: siendo general, destruyó el templo y Jerusalén, y más tarde (79-81 d. C.) fue emperador de Roma.

ron territorio samaritano en la región de los montes Ebal y Gerizim. En primavera de 68 d. C. se reanudaron los combates, y el primer objetivo de Vespasiano fue aislar Jerusalén y después tomarla. En junio el emperador Nerón se suicidó, pero Vespasiano logró mantener la presión en Judea. A mediados de verano de 69 d. C. solo Jerusalén, el desierto de Judea, Masada y Maqueronte seguían en manos judías.

En verano de 69 d. C. las tropas de Vespasiano le nombraron emperador, y al verano siguiente su hijo Tito tomó Jerusalén. Los romanos tomaron el monte del Templo y lo incendiaron. La zona superior (occidental) de Jerusalén resistió unas pocas semanas más, pero también cayó en manos romanas. Aunque habían tomado y destruido Jerusalén, la ciudad no fue abandonada, y los romanos, para evitar futuras insurrecciones, dejaron allí a la décima legión.

La toma de Jerusalén en 70 d. C. señala el final de la revuelta judía, aunque los romanos aún tenían que tomar Masada, en la orilla del mar Muerto. Allí, 960 de los 967 defensores judíos decidieron suicidarse.

A principios del siglo II (132-35 d. C.), el pueblo judío organizó una segunda revuelta. El muy respetado rabino Akiva declaró líder de los judíos a Simón Bar Kojba. Después de cierto éxito inicial de los judíos, los romanos enviaron varias legiones para sofocar la revuelta. Bar Kojba abandonó Jerusalén y se retiró a Betar, a 11 km al sudoeste de Jerusalén. Los romanos pusieron sitio a esta fortaleza, y él y sus soldados fueron aniquilados. El emperador Adriano ordenó que Jerusalén fuera destruida y reconstruida como colonia romana con el nombre de Elia Capitolina, y se prohibió a los judíos entrar en la ciudad. Cambió el nombre de la provincia, de Judea a Palestina.

LA REVUELTA JUDÍA CONTRA ROMA (66-70 D. C.)

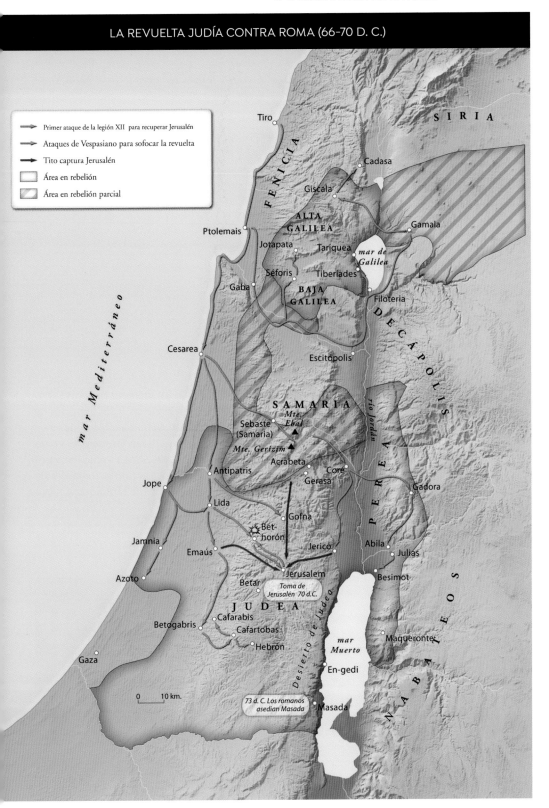

Primer ataque de la legión XII para recuperar Jerusalén
Ataques de Vespasiano para sofocar la revuelta
Tito captura Jerusalén
Área en rebelión
Área en rebelión parcial

SIRIA

FENICIA

Tiro

Cadasa

Giscala

ALTA GALILEA

Gamala

Ptolemais

Jotapata

Tariquea

mar de Galilea

Séforis

Tiberíades

Gaba

BAJA GALILEA

Filoteria

DECÁPOLIS

mar Mediterráneo

Cesarea

Escitópolis

SAMARIA

río Jordán

Sebaste (Samaria)

Mte. Ebal

Mte. Gerizim

Acrabeta

Antipatris

Coré

Gerasa

Gadora

Jope

PEREA

Lida

Gofna

Bet-horón

Jamnia

Jericó

Abila

Emaús

Julias

Jerusalem

Azoto

Besimot

Betar

Toma de Jerusalén 70 d.C.

JUDEA

Desierto de Judea

NABATEOS

Cafarabis

Betogabris

Cafartobas

mar Muerto

Maqueronte

Hebrón

Gaza

En-gedi

0   10 km.

73 d. C. Los romanos asedian Masada

Masada

ROMA

	Claudio			Nerón	
1er viaje de Pablo	2º viaje de Pablo	3er viaje de Pablo	1er encarcelamiento de Pablo en Roma		Pablo encarcelado y ejecutado

45 d.C.　　50 d.C.　　55 d.C.　　60 d.C.　　65 d.C.

PALESTINA

					Revuelta judía
	Concilio de Jerusalén	Pablo encarcelado en Cesarea			Jerusalén destruida
Herodes Agripa I			Herodes Agripa II		

45 d.C.　　50 d.C.　　55 d.C.　　60 d.C.　　65 d.C.

20 LOS VIAJES DE PABLO

LOS PRIMEROS AÑOS DE LA VIDA DE PABLO

Saulo (luego llamado Pablo) nació en la ciudad grecorromana de Tarso y fue enviado a Jerusalén a estudiar con el rabino Gamaliel (Hch. 22:3; cfr. 5:34). Allí fue testigo de la lapidación de Esteban. Pero un tiempo después, yendo de camino a Damasco, él mismo confesó a Jesús como Mesías (Hch. 9). Después de pasar un breve tiempo en Damasco, Pablo se retiró a Arabia (Gá. 1:17). Tras una visita fugaz a Damasco, viajó a Jerusalén para una estancia corta y luego se dirigió a Tarso, su ciudad natal en Cilicia (Hch. 9:26-30).

Antioquía, junto al río Orontes, era la ciudad más importante de Siria. Era un centro comercial destacado, situado en el extremo occidental de las rutas terrestres que conectaban Mesopotamia con el Mediterráneo. Era una zona predominantemente gentil, pero también vivía en ella un buen número de judíos. Algunos cristianos que huyeron de Judea debido a la persecución tras la lapidación de Esteban buscaron refugio en Antioquía. Debido a su éxito al compartir la nueva fe, la iglesia de

Jerusalén envió a Bernabé para que investigara cuál era la situación (Hch. 11:22). Después de pasar un tiempo en Antioquía, fue a Tarso en busca de la ayuda de Pablo. Desde aproximadamente 43-45 d. C. Bernabé y Pablo ministraron juntos en Antioquía, el primer lugar donde a los creyentes se les llamó "cristianos" (v. 26).

▼ Tarso: una de las calles principales de la época de Pablo. Destacan las losas basálticas del pavimento, el encintado de caliza blanca y los restos de los edificios a la derecha de la calle.

EL PRIMER VIAJE MISIONERO DE PABLO

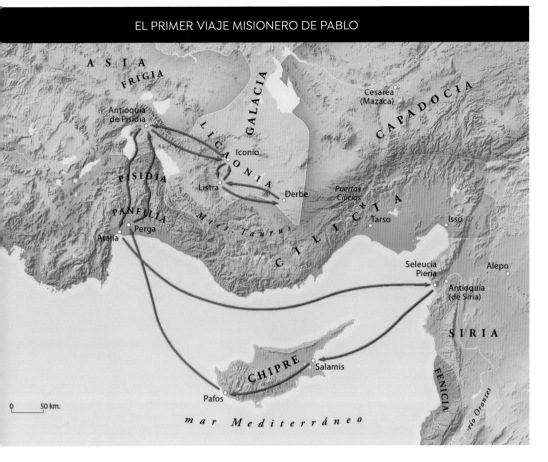

EL PRIMER VIAJE MISIONERO DE PABLO
(Hch. 13:4 – 14:28)

Entonces el Espíritu Santo apartó a Bernabé y a Pablo para que fueran ministros en otros lugares del mundo romano. Desde Seleucia Pieria, el puerto de Antioquía, Saulo partió en el primero de tres viajes misioneros (ca. 46-48 d. C.). Bernabé y Saulo, acompañados por Juan Marcos, primo del primero, navegaron hasta Chipre, atracando en Salamina. Allí predicaron en la sinagoga antes de ir por tierra a la capital, Pafos. En esa ciudad se convirtió el procónsul de Chipre, Sergio Paulo.

Después Pablo y Bernabé navegaron al noroeste hasta la antigua Panfilia, y procedieron por el río Kestros hasta Perga, una de las ciudades más grandes de la provincia. En Perga, por razones que desconocemos, Juan Marcos les abandonó y regresó a Jerusalén (Hch. 13:13). Pablo y Bernabé se dirigieron al norte, entrando en el área llamada Pisidia. Desde allí continuaron hacia el norte, a Frigia, hasta la ciudad de Antioquía (llamada "Antioquía de Pisidia", Hch. 13:14).

Antioquía era el centro administrativo del sur de Galacia. Pablo y Bernabé predicaron en la sinagoga durante varios días de reposo. Aunque los judíos no fueron muy receptivos a su mensaje, los gentiles sí lo fueron, y el mensaje del evangelio se extendió "por toda aquella provincia" (v. 49). Sin embargo, hubo cierta oposición, y Pablo y Bernabé fueron expulsados de la ciudad y viajaron a Iconio. Allí, predicaron de nuevo en la sinagoga, y creyó un gran número de judíos y gentiles. Pero la oposición y las amenazas de muerte les obligaron a huir, esta vez a las ciudades licaonias de Listra y Derbe.

En Listra Pablo y Bernabé sanaron a un hombre paralítico de nacimiento, y los licao-

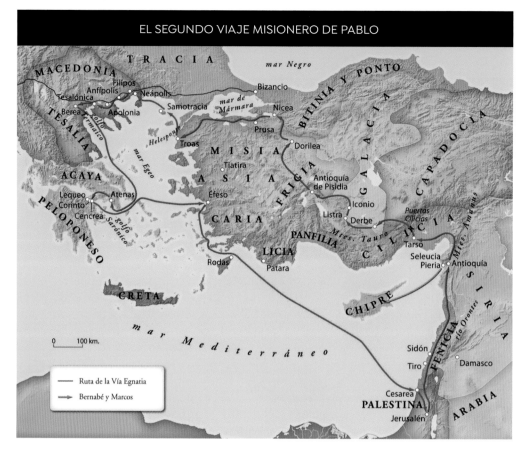

EL SEGUNDO VIAJE MISIONERO DE PABLO

nios pensaron que los dioses les habían visitado; identificaron a Bernabé con Zeus y a Pablo con Hermes. Ellos disuadieron a los habitantes de que les adorasen, pero cuando llegaron unos judíos de Antioquía y de Iconio incitaron al populacho a apedrear a Pablo. Esta falta de orden y de justicia sugiere que la presencia romana era mínima en la ciudad. No había una gran presencia judía en Listra, dado que no se menciona ninguna sinagoga, aunque Timoteo, cuya madre era judía, procedía de esta ciudad (Hch. 16:1).

Pablo y Bernabé viajaron al este, a Derbe. Después de predicar en esa ciudad, volvieron sobre sus pasos y fortalecieron a las iglesias que habían fundado. Fueron al sur, atravesando los montes Tauro, y llegaron al puerto de Atalia, desde donde volvieron por mar a Antioquía.

Debido al ministerio de Pablo y Bernabé, muchos gentiles empezaron a entrar directamente en la Iglesia. Esto planteó la pregun-

ta de la relación que tenían los conversos gentiles con la ley mosaica; la cuestión se dilucidó en un concilio en Jerusalén (Hch. 15; ca. 49/50 d. C.). Contando con ese veredicto, Pablo y Bernabé volvieron a Antioquía junto al Orontes.

▲ Inscripción de Sergius Paulus en Antioquía de Pisidia. Es posible que Paulus, a quien Pablo convirtió en Pafos (Chipre), tuviera tierras en esa zona.

EL SEGUNDO VIAJE MISIONERO DE PABLO
(Hch. 15:36 – 18:22)

Después de algún tiempo, Bernabé y Juan Marcos navegaron a Chipre, mientras Pablo y Silas se dirigieron a Asia Menor. En este segundo viaje (ca. 50-52 d. C.), fueron al norte desde Antioquía y viajaron por los montes Amanus hasta Cilicia. Tras pasar Tarso cruzaron las Puertas Cilicias. Siguieron al oeste, transmitiendo la decisión del concilio de Jerusalén a las iglesias de Derbe, Listra, Iconio y Antioquía de Pisidia. En Listra, Timoteo se unió a Pablo y a Silas.

En lugar de ministrar a ciudades en Asia, Misia y Bitinia, el Espíritu Santo indujo a Pablo y a Bernabé a dirigirse a Troas, una ciudad costera que gozaba de gran prosperidad como colonia romana. Allí es evidente que Pablo se encontró con Lucas, médico y autor de Lucas-Hechos. Como respuesta a una visión sobre un hombre macedonio, Pablo y su grupo (que ahora incluía a Lucas; ver el "nosotros" de Hch. 16:11) viajaron a Europa.

El barco atracó en Neápolis, Macedonia, y Pablo y compañía prosiguieron viaje a Filipos, situada en la vía Egnatia, una calzada romana importante. Al ser una colonia romana, Filipos estaba poblada sobre todo por gentiles, porque no había suficientes judíos para justificar una sinagoga.

En un lugar de oración que usaban las mujeres judías junto al río Gangites, cerca de la ciudad, Pablo conoció a Lidia, la comerciante de púrpura originaria de Tiatira. Pablo ministró en Filipos mientras vivía en casa de Lidia. En

▲ Corinto: el templo de Apolo tenía más de 500 años cuando Pablo visitó Corinto en su segundo viaje.

cierta ocasión sanó a una joven esclava poseída por demonios; como resultado, los dueños de la chica metieron a Pablo en la cárcel. Después de que se produjera un terremoto de madrugada, y tras la consiguiente conversión del carcelero y de su familia, los líderes de Filipos rogaron a Pablo y a Silas que se fueran de la ciudad, y ambos aceptaron.

Desde Filipos, Pablo y Silas viajaron al oeste, siguiendo la vía Egnatia hasta Tesalónica. La ciudad no solo era capital de distrito, sino también el puerto principal de toda Macedonia. Pablo y Silas predicaron en la sinagoga durante tres días de reposo, y se convirtieron algunos judíos, griegos temerosos de Dios y mujeres notables, pero debido a una fuerte oposición, Pablo y Silas se fueron de la ciudad.

Luego viajaron al sudoeste, a Berea, donde entraron en la sinagoga y predicaron. La gente de Berea era conocida por su deseo de estudiar las Escrituras, y allí se convirtió un

▼ Inscripción de Erasto en Corinto: Erasto era un oficial adinerado de esa ciudad, y esta inscripción cuenta que sufragó con su dinero la construcción de esta calle (cfr. Ro. 16:23).

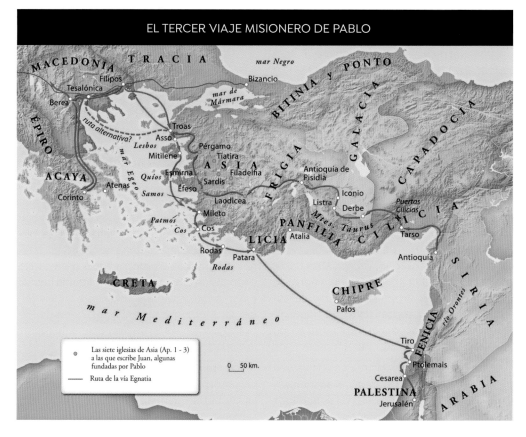

EL TERCER VIAJE MISIONERO DE PABLO

Las siete iglesias de Asia (Ap. 1 - 3)
a las que escribe Juan, algunas
fundadas por Pablo

—— Ruta de la vía Egnatia

0 50 km.

buen número de judíos, así como hombres y mujeres griegos. Sin embargo, unos judíos de Tesalónica agitaron a la multitud de Berea, de modo que Pablo se fue a Atenas en barco (Hch. 17:14-15).

Atenas ya no era la capital administrativa del sur de Grecia (la provincia romana de Acaya), pero seguía siendo un centro cultural e intelectual renombrado. Pablo predicó en el mercado y en la sinagoga, y un grupo de filósofos le invitó a dirigirse a la asamblea llamada el Areópago. Aunque se convirtieron algunos atenienses, no parece que los demás aceptasen fácilmente el evangelio, así que Pablo se fue a Corinto.

Corinto era un ajetreado centro administrativo y comercial. Lo habían refundado como colonia romana en 44 a. C. Debía su prosperidad a su ubicación geográfica: estaba justo al sur del estrecho istmo que conectaba la tierra continental griega con el Peloponeso. En la antigüedad preferían transportar pasajeros y cargamento por el istmo en lugar de hacer el viaje más peligroso en torno al Peloponeso. Además, la ciudad atraía a viajeros y generaba ingresos gracias a los concursos Panhelénicos bianuales (pruebas atléticas, musicales y poéticas), celebrados en la cercana Istmia. Al ser fabricante de tiendas (Hch. 18:3), es posible que Pablo trabajase para los barcos mercantes e hiciera tiendas y refugios para los visitantes que venían a los juegos.

Los habitantes recibieron ansiosamente el evangelio. Es probable que fuera en esta época cuando Pablo escribió sus dos epístolas a los tesalonicenses. Después de una estancia de dieciocho meses, Pablo salió de Corinto por el puerto de Cencrea, para hacer el trayecto marítimo hasta Éfeso. Después de detenerse allí por un breve tiempo, prosiguió hasta Cesarea, luego Jerusalén, y allí informó a la iglesia de los resultados de su viaje. Entonces volvió al norte, a su base principal en Antioquía de Siria.

EL TERCER VIAJE MISIONERO DE PABLO
(Hch. 18:23 – 21:14)

En 53 d. C., Pablo inició su tercer viaje (ca. 53-57 d. C.). Siguió la misma ruta que su segundo viaje hasta Antioquía de Pisidia, pero esta vez siguió camino hasta Éfeso. Esta ciudad se había convertido en un importante centro comercial, y desde allí nacían vías marítimas hacia el oeste. Pablo pasó tres años ministrando en Éfeso; lo más probable es que él o sus convertidos llevasen el mensaje del evangelio a otras ciudades de Asia, como las que se mencionan en Apocalipsis 1 – 3.

El éxito del evangelio en Éfeso condujo a una merma notable de las ventas relacionadas con la adoración de Artemis/Diana, cuyo magnífico templo se alzaba en la ciudad. Así, Demetrio, platero de oficio, incitó a los Efesios contra Pablo y otros cristianos, pero los oficiales urbanos lograron disuadir a los ciudadanos de cometer cualquier acto ilegal.

Poco después Pablo partió para ir a Macedonia (Hch. 20:1; 2 Co. 2:12-13), donde seguramente visitó de nuevo las iglesias en Filipos, Tesalónica y Berea. Al final siguió camino al sur y pasó tres meses invernando en Corinto. Es posible que durante este tiempo escribiera su famosa carta a la iglesia en Roma, informán-

▼ Patara: posiblemente el faro más antiguo que se conserva. Pablo cambió de barco en Patara cuando regresaba de su tercer viaje (Hch. 21:1).

doles de su intención de visitarles después de pasar por Jerusalén.

Cuando llegó la primavera, Pablo viajó a Filipos por tierra, y luego zarpó hacia Troas. Después de pasar allí siete días, hizo a pie los 32 km hasta Asón, viajando luego en barco hasta Mileto, siguiendo la costa. Desde allí convocó a los ancianos de la iglesia efesia, que viajaron hasta allá para pasar unos días con su amado maestro.

Después de una emotiva despedida, Pablo y su grupo se dirigieron a Jerusalén en barco. Tras desembarcar en Tiro y en contra del consejo de algunos cristianos, Pablo siguió camino hasta Jerusalén, donde saludó a los ancianos de la iglesia y realizó los rituales de purificación asociados con un voto que había hecho.

Jerusalén resultó ser el punto final de su tercer viaje, porque fue arrestado. Después de ser trasladado a Cesarea, permaneció en la cárcel durante dos años (ca. 57-59 d. C.), hasta que al fin apeló a César para que le hicieran justicia.

EL VIAJE DE PABLO A ROMA
(Hch. 27:1 – 28:16)

Para el viaje a Roma, pusieron a Pablo bajo la custodia de un centurión llamado Julio. Junto con un pequeño grupo en el que estaba Aristarco y probablemente Lucas, metieron a Pablo en un barco que navegó cerca de la cos-

EL VIAJE DE PABLO A ROMA

Roma
Tres Tabernas
Foro de Apio
mar Adriático
MESIA
TRACIA
mar Negro
LATIUM
APULIA
MACEDONIA
BITINIA Y PONTO
Puteoli
LUCANIA
EPIRO
mar Egeo
ASIA
GALACIA
CAPADOCIA
Adramitio
Rhegium
ACAYA
SICILIA
Siracusa
PELOPONESO
Cnido
PANFILIA
LICIA
CILICIA
MESOPOTAMIA
Antioquía
MALTA
Mira
Seleucia
CHIPRE
SIRIA
mar Mediterráneo
Sidón
FENICIA
golfo de Sidra
LIBIA
Cesarea
Antípatris
Alejandría
Jerusalén
PALESTINA
ARABIA

CRETA
Salmone
Fénix
CRETA
Cauda
Lasea
Buenos
Puertos
0   50 km.
EGIPTO
0   150 km.
mar Rojo

▼ Éfeso: vista hacia el puerto (ya enlodado) desde el teatro (Hch. 19:23-41).

ta de Asia Menor hasta Mira, un puerto importante donde recalaban los barcos que transportaban cereales a Roma. Allí Pablo y sus acompañantes fueron trasladados a un barco mercante que viajaba directamente a Italia. Debido a vientos adversos, el barco no alcanzó Cnido, en el extremo sudoeste de Asia Menor. En lugar de eso, viajó al sur, con la intención de pasar a sotavento de la isla de Creta.

A estas alturas ya era finales de otoño, y mientras intentaban alcanzar el puerto deseable de Fénix en Creta, se levantó "un viento huracanado" (Hch. 27:14), y el barco fue apartado de su rumbo. Cuando pasaba a sotavento de

▲ Asón: Templo de Atenea. Pablo visitó Asón cuando volvía de su tercer viaje (Hch. 20:13).

la isla de Clauda, tuvieron que reforzar la nave. Durante dos semanas fue dando bandazos por el Mediterráneo y al final embarrancó en la isla de Malta. Se salvaron los 276 pasajeros, pero se perdió tanto el barco como el cargamento.

Después de invernar tres meses en Malta viajaron a Italia, atracando en el puerto de Puteoli. De camino a Roma, en el foro de Apio y Tres Tabernas, unos cristianos de la capital saludaron a Pablo. La Roma de tiempos de Pablo era una ciudad enorme, con una población de en torno a un millón de personas. Siendo la capital del Imperio romano, se enorgullecía de sus palacios imperiales en la colina del Palatino, los templos de Júpiter y de Juno en la colina Capitolina, y teatros, anfiteatros, hipódromos y otros monumentos. Pero esa belleza quedaba empañada por el hecho de que más

de la mitad de la población eran esclavos, y muchos otros vivían en condiciones deplorables en bloques de apartamentos de cuatro y cinco pisos, y dependían de la repartición gratuita de alimentos.

El libro de Hechos concluye con la estancia de Pablo en Roma durante dos años, sometido a arresto domiciliario, sin que su caso se hubiera visto para juicio. Según la tradición, Pablo fue liberado de su prisión en torno a 62 d. C. y viajó a diversos lugares del mundo mediterráneo, seguramente a Creta (Tit. 1:5) y quizá a España. Unos años más tarde fue arrestado y encarcelado de nuevo, y durante esa época escribió su última carta (2 Timoteo). La tradición sostiene que el emperador Nerón mandó que ejecutasen a Pablo fuera de las murallas de Roma.

137

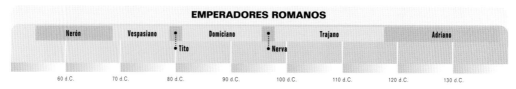

EMPERADORES ROMANOS

Nerón	Vespasiano		Domiciano		Trajano	Adriano
		• Tito		• Nerva		

60 d.C.   70 d.C.   80 d.C.   90 d.C.   100 d.C.   110 d.C.   120 d.C.   130 d.C.

SUCESOS BÍBLICOS

Martirio de Pedro en Roma   Se escribe Apocalipsis (a finales de ca. 95 d. C., fecha tardía)

Martirio de Pablo en Roma   Se escribe Apocalipsis (a finales de ca. 69 d. C., fecha temprana)

60 d.C.   70 d.C.   80 d.C.   90 d.C.   100 d.C.   110 d.C.   120 d.C.   130 d.C.

SUCESOS EN PALESTINA

Los romanos destruyen el templo de Jerusalén

Primera revuelta judía   Segunda revuelta judía

60 d.C.   70 d.C.   80 d.C.   90 d.C.   100 d.C.   110 d.C.   120 d.C.   130 d.C.

21 | LAS SIETE IGLESIAS DE APOCALIPSIS

En Apocalipsis 1 – 3, Juan se dirige a siete iglesias situadas en la provincia romana de Asia. Comenzando por Éfeso, Pablo habla a las iglesias en el sentido de las agujas del reloj, concluyendo en Laodicea. Es posible que este fuera el orden que siguió el emisario que llevó el documento.

ÉFESO (1:1; 2:1–7)

Éfeso era la iglesia más cercana a la desolada isla de Patmos, donde seguramente Juan estaba exiliado y donde recibió su "revelación" (Ap. 1:9-11). Era la capital de Asia Menor. Tenía una población de unos 250000 habitantes, y era un destacado centro comercial. Albergaba numerosos templos y creencias religiosas. Fijémonos que la carta de Pablo a los efesios habla de la prioridad de adorar a Jesús como "Señor", no a César.

Las tradiciones cristianas tempranas asocian al apóstol Juan con Éfeso, y es posible que escribiera allí su evangelio y sus tres epís-

tolas. Durante el periodo bizantino, el cristianismo floreció en Éfeso, donde se celebró en 431 d. C. el Tercer Concilio Ecuménico.

ESMIRNA (1:11; 2:8–11)

Esmirna está a 58 km al norte de Éfeso. Esta ciudad romana se hallaba en una bahía protegida en el extremo occidental del valle del río

▼ Patmos: la estéril isla del Egeo donde fue exiliado Juan (Ap. 1:9).

© **Atlas** *Esencial de la Biblia* CLIE

Hermo. Fue la primera ciudad de Asia Menor que levantó un templo dedicado a Dea Roma, la diosa Roma (ca. 195 a. C.). En 26 d. C. Tiberio le concedió permiso para edificar un templo donde se adorase al emperador.

▲ Pérgamo: el gran teatro y, más allá, junto al árbol, el altar de Zeus (¿el trono de Satanás? Ap. 2:13).

A la iglesia de esa ciudad se la exhorta a permanecer fiel a la luz de las persecuciones venideras. El Padre de la Iglesia primitiva Policarpo fue martirizado en el estadio de Esmirna a la edad de 85 años (156 d. C.). La "corona de victoria" mencionada en Apocalipsis 2:10 puede referirse a la que se entregaba a un atleta vencedor. La ciudad moderna de Izmir está construida sobre las ruinas de la antigua Esmirna.

PÉRGAMO (1:11; 2:12–17)

Pérgamo era una magnífica ciudad, con una población de unos 100000 habitantes. La ciudad alta está a unos 300 m sobre la llanura circundante, y tenía muchos templos y altares. En la ciudad baja siguen siendo visi-

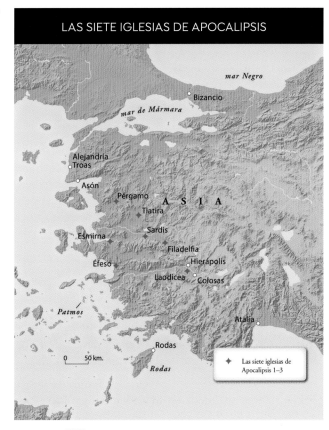

LAS SIETE IGLESIAS DE APOCALIPSIS

mar Negro

Bizancio

mar de Mármara

Alejandría
Troas

Asón

Pérgamo   A S I A
        Tiatira

            Sardis
Esmirna
            Filadelfia
    Éfeso   Hierápolis
        Laodicea   Colosas

Patmos

                    Atalia

            Rodas
0   50 km.
    Rodas   ✦ Las siete iglesias de
                         Apocalipsis 1–3

bles restos importantes del Asclepeion (un antiguo hospital).

En 129 a. C., cuando Roma creó la provincia de Asia, Pérgamo se convirtió en su primera capital. En 29 a. C. fue la primera ciudad a la que se concedió permiso para establecer un templo dedicado a un emperador romano (Augusto). En Apocalipsis 2:13 se nos dice que "Satanás tiene su trono" allí.

Juan también escribe que Antipas fue mártir en esa ciudad (2:13), pero destaca que es el Rey Jesús quien blande la auténtica "espada de dos filos" (2:12), no César ni sus representantes. En el aspecto negativo, Juan advierte a la iglesia de que algunos deben dejar de comer "cosas sacrificadas a los ídolos" y de vivir en la inmoralidad (2:14-16).

TIATIRA (1:11; 2:18-29)

Tiatira (la moderna Akhisar) está situada a 68 km tierra adentro desde el mar Egeo. Era un importante centro comercial. Cerca del centro de Akhisar se encuentran restos arqueológicos visibles dentro de un trazado urbano de forma rectangular. Partiendo de inscripciones sabemos que los gremios de panaderos, orfebres del bronce, tejedores de lana, alfareros, tejedores de lino y curtidores estaban activos en la ciudad. Estos gremios a menudo celebraban banquetes que incluían actos sexuales inmorales (cfr. Ap. 2:20-24). Lidia, a quien Pablo convirtió en Filipos, había nacido en Tiatira (Hch. 16:11-15).

SARDIS (1:11; 3:1-6)

Sardis, en el valle del Hermo al este de Esmirna, fue durante muchos años la ciudad más importante del poderoso reino de Lidia. Extraía su riqueza de la minería de oro, el comercio y la manufactura de textiles. En 546 a. C. Ciro el persa conquistó la ciudad. Los persas construyeron "el camino real" que conectaba Sardis con Susa, una de las capitales persas (mapa en p. 95).

En el primer siglo d. C. ya habían acabado los días de gloria de Sardis. Cuando Juan

▲ Sardis: gimnasio y palestra de esta ciudad, otrora rica.

▼ Laodicea: sifón calcificado que en otro tiempo llevó el agua a la ciudad (Ap. 3:15-16).

advierte a la iglesia que "despierte" (Ap. 3:2) y afirma que Jesús vendrá "como ladrón en la noche" (3:4), puede que esté aludiendo a las dos ocasiones en que los enemigos de Sardis pudieron capturar la ciudadela debido a la negligencia de los defensores. La referencia a que los verdaderos creyentes llevan "vestiduras blancas" (3:4-5) puede aludir a la famosa industria textil de Sardis.

FILADELFIA (1:11; 3:7-13)

Filadelfia (la moderna Alaşehir) la fundó en el siglo III a. C. uno de los reyes de Pérgamo, y le pusieron nombre en honor a Atalo II, quien manifestó "lealtad/amor" por su hermano, y de ahí el nombre Filadelfia ("amor fraternal"). Albergó muchos templos; en 17 d. C. fue destruida por un terremoto. En Apocalipsis 3:12 el creyente que "vence" se compara a un pilar (estabilidad) en el templo de Dios.

▲ Laodicea: calle excavada de esta ciudad orgullosa y satisfecha de sí misma (Ap. 3:14-22).

LAODICEA (1:11; 3:14-27)

Laodicea se fundó en el siglo III a. C.; hacia el siglo I había sustituido a Colosas y a Hierápolis como ciudad principal de la región. Era famosa por su industria textil, por un colirio que se fabricaba allí y por un centro hospitalario cercano. Laodicea era tan rica que después del terremoto devastador de 60 d. C. sufragó su propia reconstrucción y rechazó la ayuda que le ofrecieron.

Es posible que Epafras (Col. 1:7; 2:1; 4:12; Fil. 23) llevase el evangelio a Laodicea, ministrando también en Colosas y Hierápolis. Pablo escribió una carta no solo a la iglesia de Colosas (Col. 1:1-2), sino también a la de Laodicea (4:16).

La iglesia de Laodicea es la única de las siete iglesias a la que no se dice nada positivo. Parece que la iglesia estaba satisfecha consigo misma (Ap. 3:17). En 3:18 se menciona el oro, las telas y el colirio, los artículos de lujo de los que se enorgullecía Laodicea. La referencia que dice que la iglesia era tibia (3:15-16) puede aludir a las fuentes termales tan deseables (con fines médicos) y al arroyo frío que discurrían junto a Colosas. Laodicea había construido un acueducto para traer el agua desde los manantiales ubicados a 13 km al sudeste.

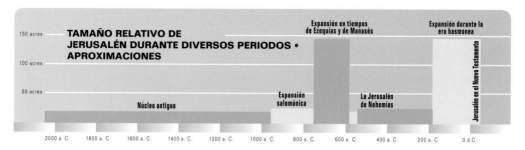

TAMAÑO RELATIVO DE
JERUSALÉN DURANTE DIVERSOS PERIODOS •
APROXIMACIONES

150 acres

100 acres

50 acres

Expansión en tiempos
de Ezequias y de Manasés

Expansión durante la
era hasmonea

Jerusalén en el Nuevo Testamento

Núcleo antiguo

Expansión
salomónica

La Jerusalén
de Nehemías

2000 a. C.   1800 a. C.   1600 a. C.   1400 a. C.   1200 a. C.   1000 a. C.   800 a. C.   600 a. C.   400 a. C.   200 a. C.   0 d.C.

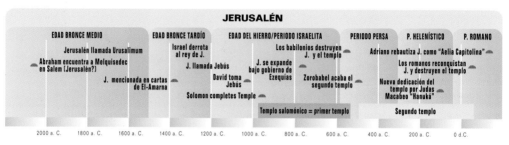

JERUSALÉN

EDAD BRONCE MEDIO | EDAD BRONCE TARDÍO | EDAD DEL HIERRO/PERIODO ISRAELITA | PERIODO PERSA | P. HELENÍSTICO | P. ROMANO

Jerusalén llamada Urusalimum
Abraham encuentra a Melquisedec
en Salem (Jerusalén?)
J. mencionada en cartas
de El-Amarna

Israel derrota
al rey de J.
J. llamada Jebús
David toma
Jebús
Solomon completes Temple

Los babilonios destruyen
J. y el templo
J. se expande
bajo gobierno de
Ezequias
Zorobabel acaba el
segundo templo

Adriano rebautiza J. como "Aelia Capitolina"
Los romanos reconquistan
J. y destruyen el templo
Nueva dedicación del
templo por Judas
Macabeo "Hanuká"

Templo salomónico = primer templo

Segundo templo

2000 a. C.   1800 a. C.   1600 a. C.   1400 a. C.   1200 a. C.   1000 a. C.   800 a. C.   600 a. C.   400 a. C.   200 a. C.   0 d.C.

22 JERUSALÉN

Jerusalén ocupa un lugar especial en los corazones y las mentes de judíos, cristianos y musulmanes. Se menciona 667 veces en el Antiguo Testamento y 139 en el Nuevo. Aunque hoy día la ciudad tiene una población de más de 770000 habitantes, sus orígenes fueron humildes.

LA GEOGRAFÍA DE JERUSALÉN

Jerusalén estaba ubicada en la región de las colinas de Judá, muy alejada de las calzadas costera y transjordana. La única ruta que pasaba cerca era la del norte, la ruta de los montes del sur, e incluso esta se encontraba a 800 m al oeste de la ciudad. Había una calzada oeste-este que conectaba Gezer (en la llanura costera) con Jericó (en el valle del Jordán) y que pasaba a unos 9 km al norte.

La ubicación de Jerusalén en la región de las colinas, a una elevación de 760 m, le proporcionaba la ventaja de contar con muchas defensas naturales. Tenía un entorno anfrac-

tuoso y traicionero, que protegía el acceso a la ciudad desde el este y el oeste. Era algo más fácil acercarse a Jerusalén desde el norte o el sur, siguiendo la ruta de los montes, pero acceder a esta vía era complicado.

Aunque al este y al sur se extienden zonas áridas, la propia Jerusalén recibe un abundan-

▼ Jerusalén: vista hacia el núcleo antiguo desde el sur. La Cúpula de la Roca, dorada, se halla donde antes estuvo el templo antiguo. Véase cómo las colinas rodean la ciudad (Sal. 121:1).

© **Atlas** *Esencial de la Biblia* **CLIE**

te suministro de lluvias invernales (unos 63 cm anuales), como sucede en las colinas occidentales, de modo que es posible cultivar diversos granos en los bancales de las colinas al norte, el oeste y el sur de la ciudad.

La Jerusalén bíblica estaba edificada en dos cadenas montañosas paralelas que iban en dirección norte-sur. La serie de colinas al oeste, que es la más alta y ancha, está limitada al oeste y al sur por el valle de Hinom (mapa p. 144). Las colinas orientales, más estrechas y bajas, están limitadas al este por el valle de Cedrón, que en el área de Jerusalén fluye básicamente de norte a sur. Tanto el Hinom como el Cedrón se mencionan en la Biblia, pero no el valle entre ellos, que separa la serie de colinas oriental y occidental. A menudo se le llama el valle Central o del Tiropeón ("queseros") (Josefo, Guerras 5.4.1 [140]).

En el norte, ambas series de colinas siguen aumentando de altitud mientras viran al noroeste. Debido a los accesos más fáciles desde el norte y el noroeste, normalmente los ejércitos invasores atacaban Jerusalén desde el norte.

▲ Mirando al norte del valle de Cedrón. Las pendientes de la Ciudad de David están a la izquierda (oeste), y se aprecia una esquina del monte del Templo.

escasos, se han descubierto porciones significativas de una gruesa muralla urbana. Según parece el muro se construyó hacia 188 a. C. y siguió utilizándose, con reconstrucciones, hasta finales de la monarquía judía (586 a. C.). La ciudad siguió teniendo 15 acres hasta que empezó a extenderse al norte durante la época de David y de Salomón.

Hay dos sucesos en la vida de Abraham que le sitúan en estrecha proximidad a Jerusalén. Melquisedec, rey de Salem (Gn. 14:18; cfr.

LA HISTORIA TEMPRANA DE JERUSALÉN

El primer asentamiento en Jerusalén estuvo en la porción austral de la serie oriental de colinas, de unos 60 km²; era el "núcleo antiguo", porque la única fuente de buen tamaño, la de Gihón (ver p. 71) estaba situada allí. En el área de Jerusalén se han encontrado tumbas del periodo I de la Edad del Bronce media, pero no hay evidencias de asentamientos. Durante el periodo II de la Edad del Bronce media (2000-1500), Jerusalén se menciona varias veces en los Textos egipcios de Execración, con el nombre Urusalimum (que significa "fundación del dios Shalim", o "ciudad de paz"). Aunque los restos excavados de edificios son

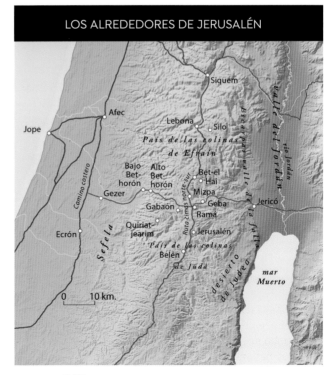

LOS ALREDEDORES DE JERUSALÉN

Siquem
Afec
Jope
Lebona
Silo
País de las colinas de Efraín
Bajo Bethorón
Alto Bethorón
Bet-el
Hai
Gezer
Mizpa
Gabaón
Geba
Jericó
Ramá
Quiriat-jearim
Jerusalén
Ecrón
Belén
País de las colinas de Judá
Camino costero
Sefela
Ruta cimas norte-sur
Escarpa pro valle
valle del Jordán
río Jordán
falla
desierto de Judea
mar Muerto

0   10 km.

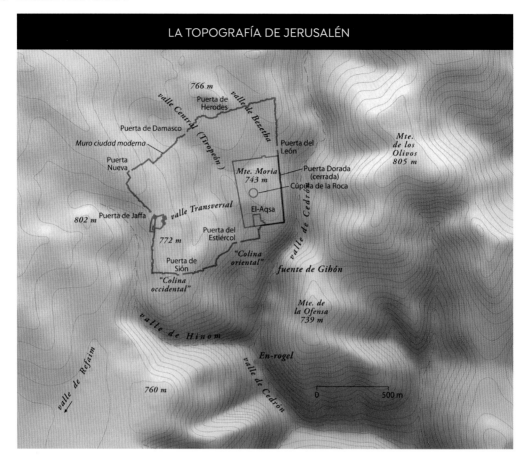

LA TOPOGRAFÍA DE JERUSALÉN

Sal. 76:2) se reunió con Abram tras el rescate de Lot. Más tarde Abraham llevó a su hijo Isaac a unos de los montes en la "región de Moria" para sacrificarle (Gn. 22:2), el mismo lugar donde Salomón edificó el templo (2 Cr. 3:1).

A continuación Jerusalén aparece en los relatos de la conquista dirigida por Josué. Cuando el rey de Jerusalén, Adoni-sedec, se enteró del tratado de los gabaonitas con Josué, se dio cuenta de que estaba en peligro su principal línea de comunicación con la costa, y por tanto con Egipto. Reunió una coalición de cuatro reyes amonitas más y atacó Gibeón (mapa p. 51), pero Josué le derrotó.

Durante el periodo de los jueces, Jerusalén cayó bajo el dominio de los jebuseos, y fue llamada Jebús (ver Jue. 19:11-12; cfr. también Jos. 15:8; 18:16). Fue el judaíta David quien capturó la ciudad en su séptimo año de reinado (2 S. 5), convirtiéndola en su capital. Su general Joab

usó el *sinnor* ("canal", 2 S. 5:8) para entrar en la ciudad; se trataba de un túnel subterráneo cortado en diagonal en la roca (ver foto en p. 89), que conducía desde un gran estanque junto a la fuente de Gihón hasta el interior de la ciudad.

LA CIUDAD DE DAVID

Debido a la ubicación neutral de Jerusalén, fue una capital aceptable tanto para la propia tribu de David, Judá, como para las tribus del norte. La ciudad se convirtió en propiedad personal de David y de sus descendientes (llamada "la ciudad de David"), y la sede real de la dinastía davídica. David trajo el arca de Quiriat-jearim a Jerusalén, que estableció como el centro de adoración principal de todo Israel (2 S. 6:1-3; 1 Cr. 13:1-14). David construyó allí su palacio (2 S. 5:11), y hacia el final de su reinado compró la era de Arauna el jebuseo, un lugar

© **Atlas** *Esencial de la Biblia* **CLIE**

144

▲ Mirando al sur, la Cúpula de la Roca. Muchos creen que aquí se encontraba el antiguo templo israelita: el lugar santísimo bajo la cúpula, y el altar de los sacrificios cerca de la estructura más pequeña a la izquierda (este) de la Cúpula. En el monte del Templo hay cerca de 50 cisternas.

más al norte y más elevado que el antiguo núcleo urbano, donde Salomón acabaría edificando el templo (2 S. 24:18-25; 1 Cr. 21:18-26).

En el cuarto año del reinado de Salomón (966 a. C.), empezó a construir el templo, un proyecto que duró siete años. El edificio en sí estaba formado por dos salas: el lugar santo, en el que estaban los diez candeleros, la mesa de los panes de la proposición y el altar del incienso; y el lugar santísimo, en el que se guardaba el arca de la Alianza. Todo el edificio estaba rodeado de patios en los que se ubicaban los altares para los sacrificios, las fuentes de bronce, etc. No se conoce la localización exacta del templo, aunque muchos investigadores lo sitúan al lado mismo de la mezquita musulmana existente hoy, llamada Cúpula de la Roca.

Al sur del templo, pero al norte del antiguo núcleo de Jerusalén, Salomón construyó su palacio y el palacio del bosque del Líbano (1 R. 7:1-12). Es posible que a esta acrópolis real, en sus primeros tiempos, se la llamase el Millo ("los terraplenes", NVI; 1 R. 9:15, 24; 11:27), pero más tarde se conoció como la Ofel (la acrópolis). Salomón reforzó la muralla de Jerusalén incluyendo dentro del perímetro la Millo/Ofel y el área del templo. Así, la ciudad amurallada pasó de tener 15 acres a tener 37 (mapa en p. 146).

Durante la monarquía dividida (930-722 a. C.), Jerusalén fue atacada en varias ocasiones; una vez por el faraón egipcio Sisac (925 a. C.; 1 R. 14:22-28; 2 Cr. 12:2-4) y otra por Hazael de Aram Damasco (ca. 813 a. C.; 2 R. 12:17-18; 2 Cr. 24:17-24). En cada caso se sobornó a los atacantes con generosos regalos sacados del tesoro del templo.

Sin embargo, en los días de Amazías de Judá, Joás de Israel atacó la ciudad y "derribó el muro de Jerusalén desde la puerta de Efraín hasta la puerta del ángulo" (ca. 790 a. C.; 2 Cr. 25:23). Sin embargo, es difícil señalar la ubicación de esas puertas en los muros de la ciudad.

Durante el siglo VIII a. C. "edificó también Uzías torres en Jerusalén, junto a la puerta del ángulo, y junto a la puerta del valle, y junto a las esquinas" (2 Cr. 26:9), mientras reforzaba las defensas de la ciudad. También durante su reinado (792-740 a. C.) y después de él, Jerusalén

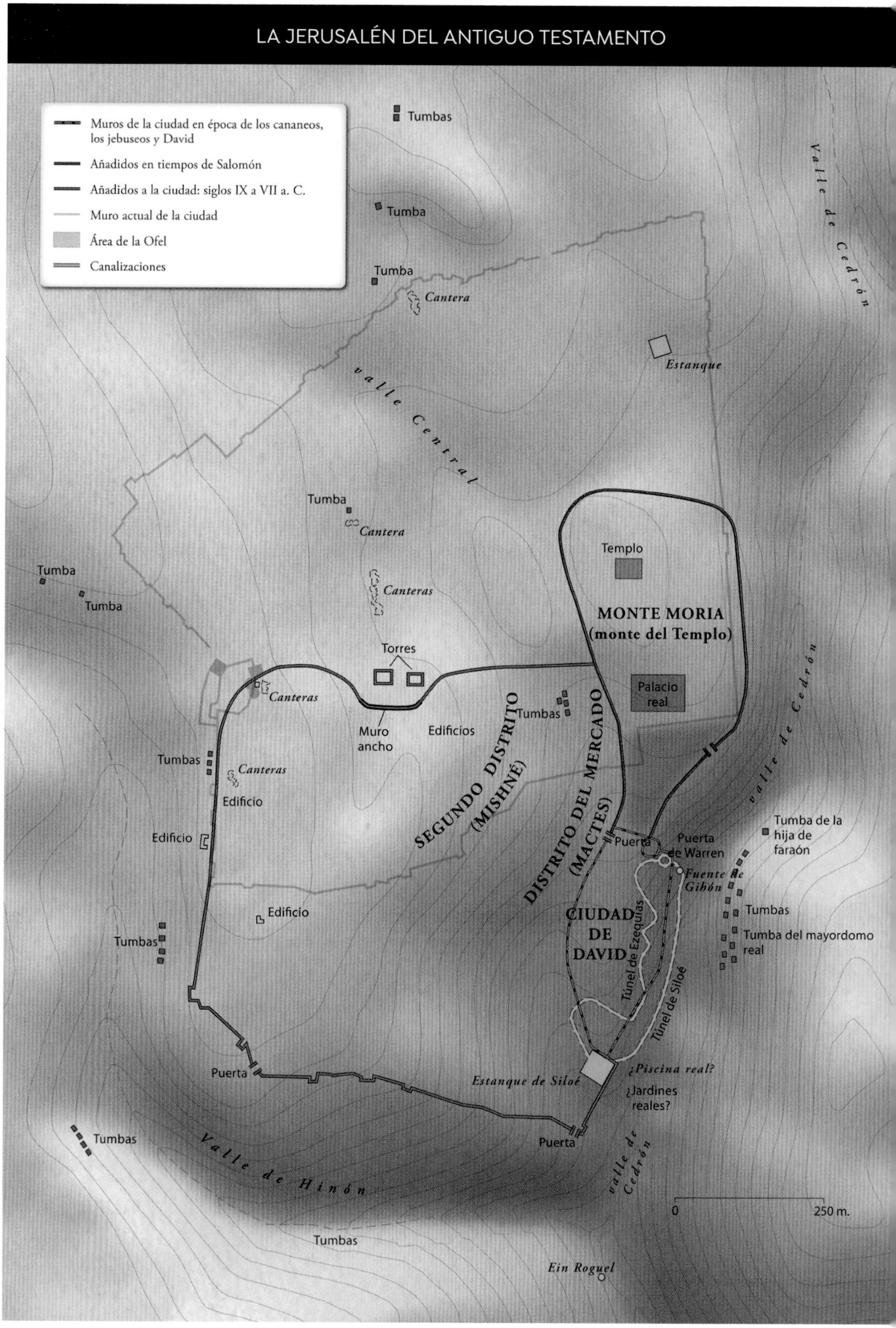

LA JERUSALÉN DEL ANTIGUO TESTAMENTO

Muros de la ciudad en época de los cananeos,
los jebuseos y David

Añadidos en tiempos de Salomón

Añadidos a la ciudad: siglos IX a VII a. C.

Muro actual de la ciudad

Área de la Ofel

Canalizaciones

Tumbas

Tumba

Tumba

Cantera

Valle de Cedrón

Estanque

Valle Central

Tumba

Cantera

Templo

Canteras

MONTE MORIA
(monte del Templo)

Tumba

Tumba

Torres

Valle de Cedrón

Canteras

Palacio
real

Tumbas

Muro
ancho

Edificios

Tumbas

SEGUNDO DISTRITO
(MISHNÉ)

DISTRITO DEL MERCADO
(MACTES)

Puerta

Puerta
de Warren

Tumba de la
hija de
faraón

Tumbas

Canteras

Edificio

*Fuente de
Gihón*

Edificio

CIUDAD
DE
DAVID

Tumbas

Tumba del mayordomo
real

Edificio

Túnel de Ezequías

Túnel de Siloé

Tumbas

Puerta

Estanque de Siloé

¿Piscina real?

¿Jardines
reales?

Tumbas

Valle de Hinón

Puerta

*Valle de
Cedrón*

0   250 m.

Tumbas

Ein Roguel

se extendió al oeste, incluyendo la porción sur de la serie occidental de colinas, probablemente porque los colonos del reino del norte se trasladaron al sur para evitar la matanza a manos de los asirios (ver p. 86); puede que pensaran que Jerusalén nunca podría ser tomada porque en ella estaba el templo de Yahvé (Sal. 132:13-18).

En las excavaciones del barrio judío moderno, en el casco antiguo de Jerusalén, se descubrió un segmento de gruesa muralla de 70 m de longitud, de un grosor de 7 m y de una altura, en algunos puntos, de 3,5 m (ver foto en p. 87). Es probable que se construyera en tiempos de Ezequías debido a la amenaza de la invasión asiria (ver p. 88 para la historia). Rodeó toda la porción sur de la cadena occidental de colinas, de modo que el área total de la ciudad amurallada alcanzó los 150 acres y una población de unas 25 000 personas.

Dado que la fuente de Gihón estaba a cierta distancia del suburbio occidental recién incluido intramuros, Ezequías trazó un plan para llevar el agua hasta un punto en el interior de la ciudad, más cerca de la colina occidental. Lo consiguió mediante la excavación de un túnel subterráneo (ver foto p. 89) que seguía un recorrido sinuoso hasta el valle Central, que estaba dentro de la muralla urbana recién construida. Esta derivación no solo se menciona en la Biblia (2 R. 20:20), sino también en una inscripción hebrea en el extremo sur del túnel de 534 m.

JERUSALÉN DESPUÉS DEL EXILIO

Pero debido al pecado constante del pueblo y de sus líderes, el juicio de Dios cayó sobre Jerusalén en 605, en 597 y, de forma fulminante, en 586 a. C., el año en que Nabucodonosor destruyó tanto la ciudad como el templo

(ver p. 91). Casi cincuenta años después comenzó un regreso a gran escala a Jerusalén como respuesta al decreto que emitió Ciro (539 a. C.). Encabezados por Sesbasar, 49 897 personas regresaron a Jerusalén desde Babilonia, reconstruyeron el altar el templo y reinstituyeron el sistema de sacrificios. Sin embargo, hasta la época de Darío el persa los judíos, dirigidos por Zorobabel, no pudieron reconstruir el templo (520-516 a. C.; Esd. 6).

El segundo retorno de Babilonia lo dirigió el escriba Esdras (458 a. C.), y fue notorio por sus progresos espirituales. La reconstrucción de la muralla tuvo lugar en tiempos de Nehemías (445 a. C.; ver Neh. 1 – 4; 6; 12:27-47). Desde esa época hasta el principio del siglo II a. C. no se sabe gran cosa sobre Jerusalén. A principios del siglo II, el rey seléucida Antíoco III derrotó a los Ptolomeos (198 a. C.), y la mayoría de la población judía agradeció el cambio de gobierno. Con el apoyo de Antíoco, se hicieron

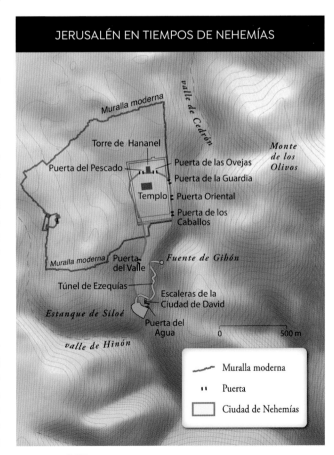

JERUSALÉN EN TIEMPOS DE NEHEMÍAS

Muralla moderna
valle de Cedrón
Torre de Hananel
Puerta del Pescado
Puerta de las Ovejas
Puerta de la Guardia
Templo
Puerta Oriental
Puerta de los Caballos
Monte de los Olivos
Muralla moderna
Puerta del Valle
Fuente de Gihón
Túnel de Ezequías
Escaleras de la Ciudad de David
Estanque de Siloé
Puerta del Agua
0   500 m
valle de Hinón

⟿ Muralla moderna
'' Puerta
▭ Ciudad de Nehemías

LA JERUSALÉN DEL NUEVO TESTAMENTO

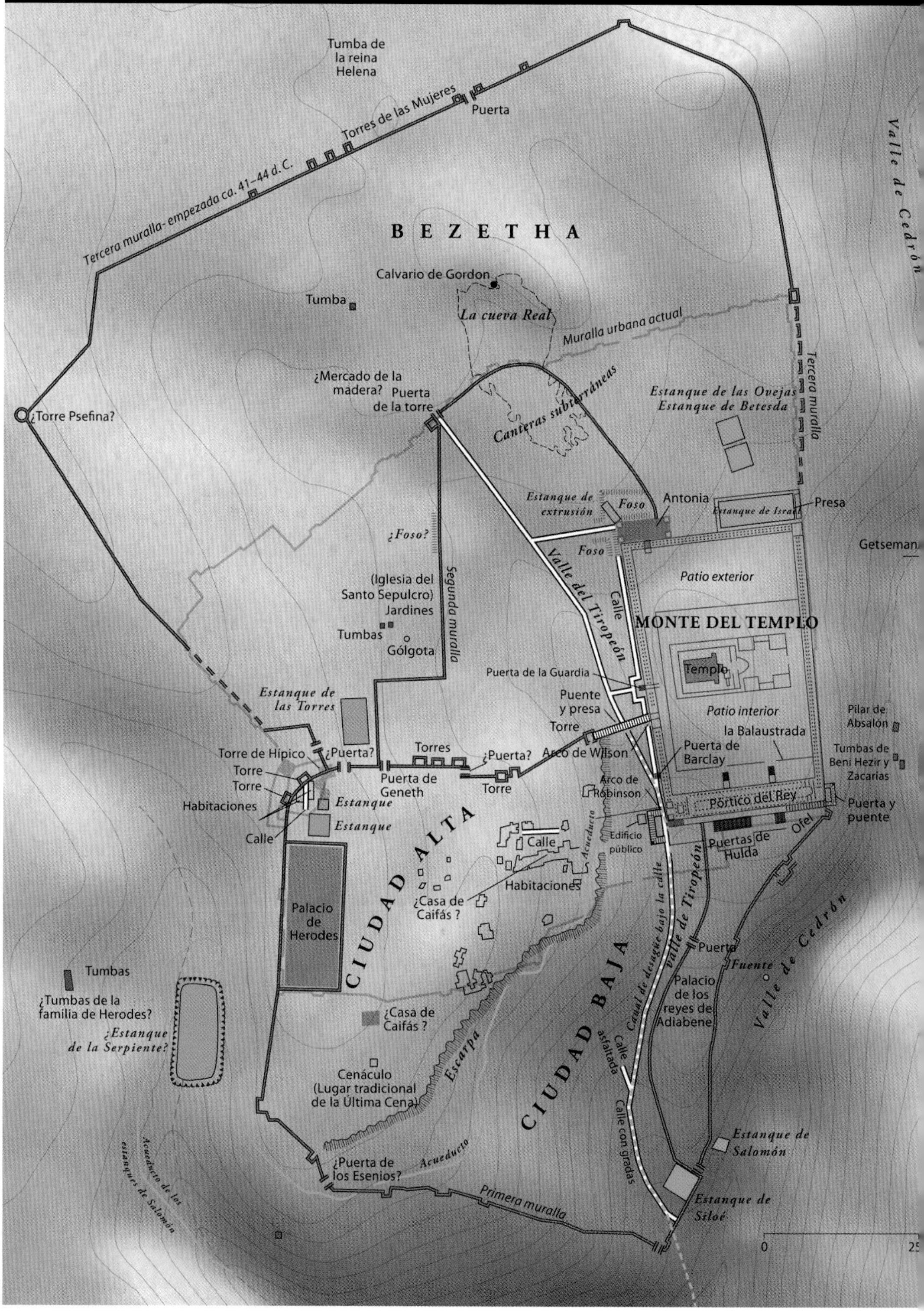

Tumba de la reina Helena

Torres de las Mujeres

Puerta

Tercera muralla- empezada ca. 41–44 d.C.

B E Z E T H A

Calvario de Gordon

Tumba

La cueva Real

Muralla urbana actual

¿Torre Psefina?

¿Mercado de la madera? Puerta de la torre

Canteras subterráneas

Estanque de las Ovejas
Estanque de Betesda

Tercera muralla

Estanque de extrusión

Foso

Antonia

Estanque de Israel

Presa

¿Foso?

Foso

Getsemaní

Valle del Tiropeón

Patio exterior

(Iglesia del Santo Sepulcro) Jardines

Segunda muralla

MONTE DEL TEMPLO

Tumbas

Gólgota

Templo

Estanque de las Torres

Puerta de la Guardia

Patio interior
la Balaustrada

Pilar de Absalón

Puente y presa

Torre de Hipico ¿Puerta?

Torres

¿Puerta?

Arco de Wilson

Torre

Puerta de Barclay

Tumbas de Beni Hezir y Zacarías

Torre
Torre

Puerta de Geneth

Torre

Arco de Robinson

Pórtico del Rey

Puerta y puente

Habitaciones

Estanque

Edificio público

Puertas de Hulda

Ofel

Calle

Estanque

Calle

Acueducto

CIUDAD ALTA

Habitaciones

Palacio de Herodes

¿Casa de Caifás ?

Canal de desagüe bajo la calle

Calle de Tiropeón

Puerta

Fuente de

Valle de Cedrón

Tumbas

Palacio de los reyes de Adiabene

¿Tumbas de la familia de Herodes?

Calle asfaltada

¿Estanque de la Serpiente?

¿Casa de Caifás ?

CIUDAD BAJA

Calle con gradas

Cenáculo (Lugar tradicional de la Última Cena)

Escarpa

Estanque de Salomón

Acueducto

¿Puerta de los Esenios?

Acueducto de los estanques de Salomón

Primera muralla

Estanque de Siloé

0   25

▲ Mirando al este desde el ángulo nororiental del "estanque de Siloé" (Jn. 9), descubierto hace poco. Véanse la serie de escalones y plataformas que conducían al estanque, de izquierda a derecha.

reparaciones en el templo, y se excavó un gran estanque (posiblemente el de Betesda; Sir. 50:1-3).[1]

Sin embargo, durante el reinado de Antíoco IV (175-164 a. C) el rey y sus seguidores judíos presionaron para introducir un programa de helenización entre todos los judíos. El templo de Jerusalén fue profanado y dentro del recinto se erigió una estatua a Zeus olímpico (168 a. C.). En Jerusalén se levantaron otras estructuras griegas, incluyendo un gimnasio y una ciudadela. La ciudadela (llamada "Acra" en griego) fue construida en la cadena oriental de colinas, justo al sur del área del templo, y era tan alta que superaba a aquel. Aunque las fuerzas de Judas macabeo lograron reconquistar Jerusalén, purificar el templo (164 a. C.) y restablecer los sacrificios, el destacamento seléucida en el Acra siguió siendo un problema para los judíos hasta que el hermano de Judas, Simón (142-35 a. C.) la tomó y la demolió

(Josefo, Ant. 13.6.7 [215]). Simón también acabó la construcción de los muros de Jerusalén, un proyecto iniciado por su hermano Jonatán (1 Mac. 10:10-11; 13:10). (Para la historia de Jerusalén durante la era asmonea, ver pp. 105-109.)

JERUSALÉN EN ÉPOCA ROMANA

Al principio del periodo de gobierno romano, Jerusalén experimentó una gran expansión, construcción y ornamentación bajo el liderazgo del rey-cliente de los romanos Herodes el Grande (37-4 a. C.). Sin duda, las renovaciones más destacadas de Herodes se centraron en el templo y en el monte donde se alzaba este (ver p. 115), un proyecto que duró diez años, aunque durante la época de Jesús seguía habiendo operarios trabajando en la zona (Jn. 2:20; ca. 28 d. C.). Especialmente, Herodes amplió los patios en torno al templo. Duplicó el tamaño de la plataforma sobre la que estaba,

---

1 "Sir." es la abreviatura del libro apócrifo *Sirácida,* también llamado *Eclesiástico.* (N. del t.)

▲ Tumba del huerto, situada a unos 260 m al norte de la muralla actual de la ciudad antigua. Esta tradición se remonta al siglo XIX d. C.

que alcanzó su extensión actual de 36 acres. Actualmente la zona está ocupada por estructuras musulmanas y se llama Haram es-Sharif, el Noble Santuario. Al noroeste del templo Herodes construyó la fortaleza Antonia, que se cernía sobre el área del templo y albergaba a un destacamento de soldados para vigilar y controlar a la multitud.

En la estribación occidental Herodes construyó un magnífico palacio para él (ver p. 113). Además, construyó una segunda muralla que nacía de un punto cercano a estas torres, por la puerta de Geneth, delimitando el "segundo barrio" del norte de la ciudad (Josefo, Guerras 5.4.2 [146]).

La Jerusalén que conoció Jesús era básicamente la misma que la herodiana. En una de sus visitas a la ciudad, Jesús sanó a un paralítico en el estanque de Betesda, al norte del monte del Templo, cerca de la puerta de las Ovejas (Jn. 5:1-14). Justo al norte del monte del Templo se han descubierto porciones de un estanque doble que podría haber estado rodeado por "cinco pórticos", uno por lado y otro separando los dos estanques. En otra ocasión Jesús sanó a un ciego al que envió al estanque de Siloé (Jn. 9).

La mayor parte de la información sobre Jesús en Jerusalén procede de la última semana de su ministerio terrenal. Es evidente que

Jesús pasó sus noches con sus amigos de Betania, a 2, 5 km de Jerusalén en la vertiente oriental del monte de los Olivos. Hizo su entrada triunfal en Jerusalén sobre un asno al que se había subido en el área de Betfagé. Tras cruzar el monte de los Olivos, descendió al valle de Cedrón entre gritos de "¡Hosanna!"; tras entrar en Jerusalén se paseó por el área en torno al templo.

El lunes volvió al área del templo, y en esta ocasión expulsó a los cambistas que, seguramente, trabajaban en el Pórtico del Rey junto al lado sur del Patio de los Gentiles. El martes, Jesús volvió a entrar en el complejo del templo y más tarde ese mismo día pasó un tiempo enseñando a sus discípulos en el monte de los Olivos.

Después de descansar en Betania el miércoles, Jesús envió a la ciudad a "dos de sus discípulos" (Mr. 14:13) para buscar una habitación y preparar la cena, de modo que pudiera celebrar la Pascua con sus discípulos. A pesar de que el edificio en el lugar tradicional de la Última Cena (el Cenáculo) procede del periodo de las Cruzadas (al menos 1100 años después del suceso), es probable que ese punto, situado en la porción sur de la estribación occidental y en una zona de la ciudad donde vivía gente adinerada, esté cerca de donde se celebró esa cena. Entonces Jesús y sus discípulos descendieron al huerto de Getsemaní, al pie de la ladera occidental del monte de los Olivos, cerca del valle de Cedrón. Allí, después de pasar un tiempo orando, fue arrestado.

Aquella noche se presentó ante Caifás, el sumo sacerdote, Pilato el procurador y Herodes Antipas, gobernador de Galilea, que había ido a Jerusalén para la fiesta. No se conoce el lugar exacto del interrogatorio, pero lo más probable es que la residencia de Caifás se hallase en algún punto al sur o al este de las colinas occidentales, mirando sobre el templo. Aunque puede que Jesús se presentara ante

▲ Entrada de los cruzados a la Iglesia del Santo Sepulcro. Esta iglesia contiene tanto la ubicación del Calvario como la tumba de Jesús. Tradición que se remonta al siglo IV d. C.

Pilato en la fortaleza Antonia, es más probable que, como gobernante del país, Pilato se alojara en el palacio de Herodes y fuera allí donde interrogaron, humillaron y condenaron a Jesús.

Según los relatos de los Evangelios, Jesús fue llevado fuera de la ciudad, crucificado y enterrado en un sepulcro cercano perteneciente a José de Arimatea. Hoy en día en Jerusalén hay dos lugares posibles para esos sucesos. El primero es el Calvario de Gordon, al norte de lo que hoy es la puerta de Damasco, cerca de la Tumba del Huerto. Aunque este punto está fuera de la muralla urbana, tanto de la antigua como de la moderna, y se presta sin duda a ciertos tipos de piedad religiosa, no hay motivos de peso para creer que este sea el Calvario y/o la tumba; de hecho, es posible que ese sepulcro date de la Edad de Hierro (1000-586 a. C.), y por lo tanto no sería un sepulcro "en el cual aún no se había puesto a nadie" (Lc. 23:53).

Resulta más convincente la sugerencia de que la Iglesia del Santo Sepulcro señale el lugar de esos eventos dramáticos. Este lugar más tradicional estaba seguramente fuera de la ciudad amurallada de tiempos de Jesús, y de hecho era un cementerio natural. Tras su resurrección, Jesús se apareció a sus discípulos durante cuarenta días y luego, en el monte de los Olivos, ascendió a los cielos.

A principios del periodo apostólico (ca. 30-44 d. C.), la Iglesia cristiana tenía su sede en Jerusalén. Allí tenían lugar diversas actividades, como reuniones en casas, apariciones ante el Sanedrín y encarcelamientos, pero es imposible conocer los lugares exactos. Dentro del recinto del templo fue sanado un hombre paralítico que estaba sentado junto a la "puerta de la Hermosa" (seguramente la que conducía al patio de las Mujeres), y los primeros cristianos a menudo se reunían en el "pórtico de Salomón" (Hch. 3:11; 5:12), seguramente la columnata junto a la cara interior del muro oriental del recinto del templo.

Tras la muerte de Agripa I (44 d. C.), los procuradores romanos gobernaron directamente Jerusalén hasta el estallido de la primera revuelta judía (66-70 d. C.). En el transcurso de esta los romanos, actuando lento pero seguro, sometieron a los rebeldes. En la primavera de 70 d. C. las legiones V, X, XII y XIV, junto con sus cautivos esclavos (unos 80 000 hombres en total) atacaron Jerusalén (mapa p. 129).

Los judíos intentaron fortificar el tercer muro (el del norte) que había comenzado Agripa I, pero a finales de mayo los romanos abrieron brecha en él. Pocos días después atravesaron también el segundo muro, y en torno al resto de la ciudad se excavó un dique de asedio. El sufrimiento dentro de la ciudad fue intenso, y a finales de julio los romanos atacaron y tomaron la fortaleza Antonia. Desde allí los romanos avanzaron por los recintos del templo, y el día 9 de Ab (28 de agosto) quemaron el templo. Tito, el general romano que luego sería emperador, ordenó que buena parte de la ciudad fuera destruida, excepto las tres torres justo al norte del palacio de Herodes. Esas las dejó en pie como mudo tributo a la grandeza de la ciudad que acababa de capturar.

¿POR QUÉ EXISTEN TELLS?

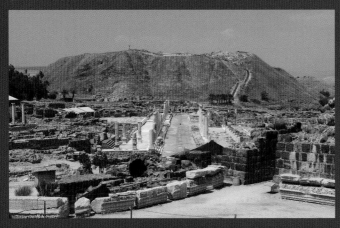

Tell Beth Shan al norte de Israel. Durante el periodo del AT la vida se centraba en el tell, pero durante el periodo grecorromano la ciudad se extendió mucho hasta llegar a la zona al pie del tell.

Los antiguos nunca tuvieron intención de construir tells. De hecho, a menudo eran necesarios varios siglos para que surgiera uno. Los siguientes son algunos de los factores más importantes que participaron en el complejo proceso de la formación de los tells:

1. La gente prefería quedarse cerca de un manantial de agua corriente: una fuente, un pozo o, menos frecuentemente, un arroyo.

2. Al establecerse en una colina o un punto elevado cerca de una fuente de agua, la gente podía vigilar más fácilmente el territorio circundante y defenderse de agresiones.

3. Las personas preferían vivir en regiones con tierras idóneas para la agricultura y/o pastos para el ganado.

4. A menudo, las personas querían vivir cerca de "caminos" importantes e incluso otros que no lo eran, lo cual pudo llevar al asentamiento en determinados lugares.

5. Es posible que otros lugares surgieran debido a su importancia religiosa, su proximidad a recursos naturales infrecuentes, etc.

6. Si tenían a mano muros, cimientos o incluso piedras sueltas que hubieran usado los habitantes anteriores de un lugar, se podían reutilizar fácilmente en la construcción de un nuevo asentamiento. En algunas áreas del país, la acumulación del barro procedente de los adobes contribuyó significativamente al surgimiento de un tell.

Dado que existía un número limitado de fuentes dentro de un número también limitado de colinas cercanas, y dado que en esos lugares a menudo era fácil acceder a materiales de construcción de habitantes anteriores, los asentamientos nuevos se construían sobre los antiguos, un proceso que solía repetirse en numerosas ocasiones. Así, al final, se formaban los montículos tan distintivos llamados tells.

ÍNDICE DE PASAJES BÍBLICOS

155

ÍNDICE TEMÁTICO

A

© **Atlas** *Esencial de la Biblia* **CLIE**

N

O